読めばスッキリ！

数学検定
準2級への道

日本数学検定協会 監修
TMT研究会 編著

電気書院

1　はじめに

　この本を出すきっかけになったのは，これまで僕ら（TMT研究会）が，中学3年生を対象として使ってきた「数学検定準2級用の学習シート」がわかりやすく，これらを本にしてほしいという生徒からの要望があったからなんだね。実際に，公立の中学3年生(希望者)を対象に約12時間の数学検定準2級の補習講座を実施したところ，実に受験した生徒の約80％以上が合格することができた。

　したがって，中学生や高校生で，数学検定準2級を取得したいと考えている人はもちろん，高校に入り，「どうも数学が苦手になった」という高校生にも読んでもらいたい。本書を読むことで，これまでもやもやしていたところが，「あーそうだったんだ」と「スッキリ」することが多いと思う。

　それでは，皆さんの健闘を祈ります。本書で学習して数学検定準2級に合格して下さい。

TMT研究会（富合数学教育研究会）

2　本書の利用法

① 「内容を理解する」

　まず，本書をじっくり読んで内容を理解してほしい。そして，出てくる公式などはすべて覚えてほしい。本書は，中学生の視点で執筆されているので，繰り返し熟読することで理解できるようになっているからね。

② 「問題を繰り返し解く」

　本書に出てくる「練習」および「問題」はすべて実際の数学検定の準2級に出題された問題と類似の問題を多く取り入れているので，繰り返し解いてほしい。その際，「練習」は主に1次検定を，「問題」は2次検定を意識して作成しているので参考にしてほしい。

③ 「予想問題で出題形式に慣れておく」

　巻末に予想問題をつけておいた。実際の数学検定準2級の出題形式に合わせてあるので十分活用してほしい。この巻末の予想問題までが，僕らがやってきた数学検定講座なので，最後まで頑張ってほしい。

　以上が本書の利用法であるが，「使わないと忘れてしまう」のが，人間なんだね。くれぐれも繰り返し学習を忘れないこと。

3　数学検定について

数学検定準2級の出題範囲は，中3と高1(数学Ⅰ・A)である。

　　1次検定：60分　計算問題中心

　　2次検定：90分　文章問題中心

検定時間には，十分な余裕を持たせてあるので落ち着いて問題に取り組める。しかも，準2級では難問はほとんど出題されないのがこれまでの流れになっている。合格ラインは，1次検定が約7割，2次検定が約6割となっている。

4　TMT研究会（富合数学教育研究会）メンバー紹介

ここで，TMT研究会のメンバーを紹介します。

浦山　千加代

現在，熊本市立富合小学校に勤務。TMT研究会の紅一点。これまで，多くの数学学習プリントや，教具等を作ってきた。いわゆる数学の教材研究をこよなく愛する数学教師である。スポーツも得意とするオールマイティ。

前川　和宏

現在，山都町立蘇陽中学校に勤務。数学はもちろん，情報教育も得意とし，その名は，熊本はもちろん全国的に知られている。また，情報教育に関する著書もある。授業技術も一流。いわゆる指導力抜群の熱血教師。

馬場　克博

現在，熊本市立富合中学校に勤務。一貫してわかりやすい授業を心がけてきた。M中学校時代での入試対策ではすぐに60人を超える生徒が集結。K中学校では，年末12月29日に配布したプリント100部はすぐになくなった。

なお，この本を出版するにあたって，久美出版の田尻和孝さん，電気書院編集部の鎌野恵さん，日本数学検定協会の方々には大変お世話になった。また，富合中学校の生徒の皆さんもいろいろ協力してくれた。この場を借りて感謝の意を表したい。

もくじ

第1章　式の計算
1. 中学校の乗法公式・因数分解 …………… 8
2. 乗法公式 ……………………………… 12
3. 因数分解 ……………………………… 17
4. 分母の有理化 ………………………… 24
5. 2重根号をはずす …………………… 26

第2章　2次関数
1. 2次方程式 …………………………… 32
2. $y=ax^2$ のグラフ ………………… 44
3. $y=a(x-p)^2$ のグラフ …………… 45
4. $y=ax^2+q$ のグラフ ……………… 47
5. $y=a(x-p)^2+q$ のグラフ ………… 48
6. 2次関数の最大値と最小値 ………… 54
7. 2次関数の決定 ……………………… 56

第3章　不等式
1. 不等式の性質と1次不等式 ………… 66
2. 2次不等式 …………………………… 70
3. 2次方程式と判別式 ………………… 76

第4章　三角比
1. 三平方の定理と三角比 ……………… 80
2. 正弦定理 ……………………………… 94

3. 余弦定理 …………………………………… 98
　　4. 三角比の変形公式 …………………………… 104

第5章　平面図形
　　1. 円周角の定理 ………………………………… 106
　　2. 円に内接する四角形と接弦定理 …………… 108
　　3. 三角形と比の定理 …………………………… 110

第6章　命題と集合
　　1. 集合 …………………………………………… 114
　　2. 命題 …………………………………………… 116
　　3. 必要条件と十分条件 ………………………… 118

第7章　場合の数と確率
　　1. 順列と組み合わせ …………………………… 120
　　2. 同じものを含むものの順列 ………………… 132
　　3. 確率 …………………………………………… 134
　　4. 独立な試行の確率 …………………………… 136
　　5. 反復試行の確率 ……………………………… 139
　　6. 確率の加法定理 ……………………………… 140
　　7. 期待値 ………………………………………… 142

　　1次検定予想問題 ………………………………… 144
　　2次検定予想問題 ………………………………… 147
　　1次検定予想問題　解答 ………………………… 150
　　2次検定予想問題　解答 ………………………… 152

第1章

式の計算

1. 中学校の乗法公式
   ・因数分解
2. 乗法公式
3. 因数分解
4. 分母の有理化
5. 2重根号をはずす

第1章 式の計算

1 中学校の乗法公式・因数分解

　中学校の復習からはじめよう。中学校では，主に次の4つの展開公式およびその因数分解について学んでいるね。復習しておこう。まず4つの展開公式を並べて書いておくね。

◆展開公式

> 公式Ⅰ　$(x+a)(x+b)=x^2+(a+b)x+ab$
> 公式Ⅱ　$(a+b)^2=a^2+2ab+b^2$
> 公式Ⅲ　$(a-b)^2=a^2-2ab+b^2$
> 公式Ⅳ　$(a+b)(a-b)=a^2-b^2$

　上記の公式Ⅰの x を□，公式Ⅱ～Ⅳの a，b をそれぞれ□，○で囲むと次の4つの公式が生まれる。

> 公式Ⅰ'　$(□+a)(□+b)=□^2+(a+b)□+ab$
> 公式Ⅱ'　$(□+○)^2=□^2+2□○+○^2$
> 公式Ⅲ'　$(□-○)^2=□^2-2□○+○^2$
> 公式Ⅳ'　$(□+○)(□-○)=□^2-○^2$

　それでは，上記の公式を使って次の式を展開してみよう。

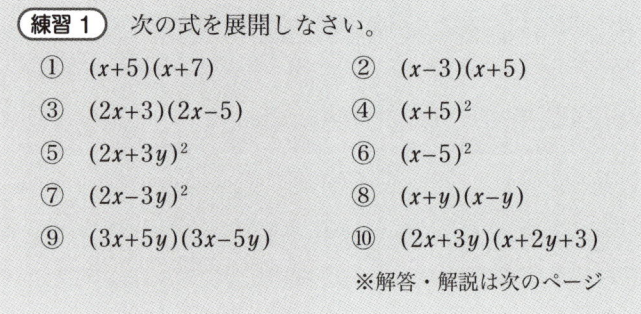

練習1　次の式を展開しなさい。
① $(x+5)(x+7)$　　② $(x-3)(x+5)$
③ $(2x+3)(2x-5)$　④ $(x+5)^2$
⑤ $(2x+3y)^2$　　⑥ $(x-5)^2$
⑦ $(2x-3y)^2$　　⑧ $(x+y)(x-y)$
⑨ $(3x+5y)(3x-5y)$　⑩ $(2x+3y)(x+2y+3)$
※解答・解説は次のページ

解答

① $x^2+12x+35$ 答
② $x^2+2x-15$ 答
③ $4x^2-4x-15$ 答
④ $x^2+10x+25$ 答
⑤ $4x^2+12xy+9y^2$ 答
⑥ $x^2-10x+25$ 答
⑦ $4x^2-12xy+9y^2$ 答
⑧ x^2-y^2 答
⑨ $9x^2-25y^2$ 答
⑩ $2x^2+7xy+6x+6y^2+9y$ 答

解説

③ $2x$ を□で囲んで，
$(□+3)(□-5)=□^2-2□-15$
として展開してやるといいね。一般的には，$2x$ の部分を X と置き換えるけど，暗算で展開するときには，同じ部分を□や○で囲んでやる方がわかりやすいね。それが公式Ⅰ'だからね。

⑤⑦ $2x$ を□，$3y$ を○で囲んでやればいいね。

⑨ $3x$ を□，$5y$ を○で囲むといいね。

⑩ 4つの乗法公式のパターンにあてはまらない形なので，右のようにして展開したね。したがって，次のようになる。

$(2x+3y)(x+2y+3)$
$=2x(x+2y+3)+3y(x+2y+3)$
$=2x^2+4xy+6x+3xy+6y^2+9y$
$=2x^2+7xy+6x+6y^2+9y$

$(a+b)(c+d+e)$

展開公式については，大丈夫だね。ここでの展開は，⑩以外は暗算で瞬間的に答えを出せるようにしっかり訓練しておいてちょうだい。次に学ぶ因数分解で役立つからね。

第1章 式の計算

◆因数分解の公式

　中学校の因数分解を復習しておこう。因数分解の公式を書いておくね。展開公式の逆だから大丈夫だね。

公式0	$ma+mb=m(a+b),\ ma-mb=m(a-b)$
公式Ⅰ	$x^2+(a+b)x+ab=(x+a)(x+b)$
公式Ⅱ	$a^2+2ab+b^2=(a+b)^2$
公式Ⅲ	$a^2-2ab+b^2=(a-b)^2$
公式Ⅳ	$a^2-b^2=(a+b)(a-b)$

公式Ⅰ'	$\square^2+(a+b)\square+ab=(\square+a)(\square+b)$
公式Ⅱ'	$\square^2+2\square\bigcirc+\bigcirc^2=(\square+\bigcirc)^2$
公式Ⅲ'	$\square^2-2\square\bigcirc+\bigcirc^2=(\square-\bigcirc)^2$
公式Ⅳ'	$\square^2-\bigcirc^2=(\square+\bigcirc)(\square-\bigcirc)$

それでは，上記の公式を使って次の式を因数分解してみよう。

練習2 次の式を因数分解しなさい。

① $3x+3y+3z$
② $6xy+8xz+2x$
③ x^2+5x+6
④ x^2-2x-3
⑤ x^2+4x+4
⑥ $4x^2+12xy+9y^2$
⑦ $x^2-6xy+9y^2$
⑧ $9x^2-30xy+25y^2$
⑨ x^2-y^2
⑩ $36x^2-49y^2$
⑪ $x^2+2xy+y^2-(a^2+2ab+b^2)$

※解答・解説は次のページ

1. 中学校の乗法公式・因数分解

――― 解答・解説 ―――

① $3(x+y+z)$ 答　　：共通因数 3 でくくる。
② $2x(3y+4z+1)$ 答　　：共通因数 $2x$ でくくる。
③ $(x+2)(x+3)$ 答　　：因数分解の公式Ⅰ
④ $(x+1)(x-3)$ 答　　：因数分解の公式Ⅰ
⑤ $(x+2)^2$ 答　　：因数分解の公式Ⅱ
⑥ $(2x+3y)^2$ 答　　：因数分解の公式Ⅱ'
⑦ $(x-3y)^2$ 答　　：因数分解の公式Ⅲ'
⑧ $(3x-5y)^2$ 答　　：因数分解の公式Ⅲ'
⑨ $(x+y)(x-y)$ 答　　：因数分解の公式Ⅳ
⑩ $(6x+7y)(6x-7y)$ 答　　：因数分解の公式Ⅳ'
⑪ これは，慣れていない人にとっては難しかったと思う。
　次のようにして解くよ。
　2つの部分 $x^2+2xy+y^2$ と $a^2+2ab+b^2$ に着目すると
$$x^2+2xy+y^2=(x+y)^2$$
$$a^2+2ab+b^2=(a+b)^2$$
　なので，□²-○² の形が見えてくる。
$$(□+○)(□-○)$$

$$x^2+2xy+y^2-(a^2+2ab+b^2)$$
$$=(x+y)^2-(a+b)^2 \quad ：□^2-○^2 \text{ の形ができた。}$$
$$=(x+y+a+b)\{x+y-(a+b)\}$$
$$=(x+y+a+b)(x+y-a-b) \text{ 答}$$

こういうのに自然に気づくようになると，ずいぶん力がついてきたというところかな？

2 乗法公式

中学校では2乗の公式について学んだけど，高校になると3乗公式も覚えることになる。覚えるまでは少し大変だけど，頑張って覚えていこう。数学検定の準2級ではよく出てくる公式だからね。

◆ $(a+b)^3$，$(a-b)^3$ の展開公式

中学校で，$(a+b)^2 = a^2 + 2ab + b^2$ については学んだね。ここでは，$(a+b)^3$ の展開を考えるぞ！

$(a+b)^3$
$= \underline{(a+b)^2}(a+b)$ ：として計算できるね。
$= (a^2 + 2ab + b^2)(a+b)$
$= \underline{a^2}(a+b) + \underline{2ab}(a+b) + \underline{b^2}(a+b)$
$= a^3 + a^2b + 2a^2b + 2ab^2 + ab^2 + b^3$ ：同類項を計算
$= a^3 + \underline{3a^2b} + \underline{3ab^2} + b^3$ ：となるね。

したがって，次の公式が完成した。

公式I $(a+b)^3 = a^3 + 3a^2b + 3ab^2 + b^3$

ここで，各項の次数に注目しよう。いずれも次数は3だよ。次数とは，かけられている文字の個数のことだったね。ちなみに中学校で学んだ2乗の公式では，いずれの項の次数も2だね。これも大切なことだから覚えておこう。一応，2乗の展開公式も書いておくね。

$(a+b)^2 = a^2 + 2ab + b^2$
$(a-b)^2 = a^2 - 2ab + b^2$

各項：a^2，$2ab$，b^2 の次数はすべて2だね。

これに対して，3乗公式の各項：a^3，$3a^2b$，$3ab^2$，b^3 の次数はすべて3になっているよ。

2．乗法公式

次に $(a-b)^3$ を展開しよう。

これは，$(a+b)^3$ で，b のかわりに，$-b$ を代入して展開するといいね。確かめてみよう。$(a-b)^3=\{a+(-b)\}^3$ だから，これを前ページの**公式Ⅰ**を使って展開すると，

$(a-b)^3=\{a+(-b)\}^3$　　　　　　　　：b のかわりに $-b$ を代入した。
$\quad\quad\quad = a^3+3a^2(-b)+3a(-b)^2+(-b)^3$
$\quad\quad\quad = a^3-3a^2b+3ab^2-b^3$

となる。したがって次の**公式Ⅱ**が導かれたね。

> **公式Ⅱ**　$(a-b)^3=a^3-3a^2b+3ab^2-b^3$

それでは，練習を2つやってみよう。

> **練習3**　次の式を展開しなさい。
> ① $(3x+y)^3$　　　② $(3a-2b)^3$

――解答・解説――

※高校数学では 4×3 を $4\cdot 3$ と書くことが多い。
　$\times$ を $\cdot$ で表すんだね。

① $(3x+y)^3=(3x)^3+3\cdot(3x)^2\cdot y+3\cdot 3x\cdot y^2+y^3$
$\quad\quad\quad\quad\quad = 27x^3+27x^2y+9xy^2+y^3$　答

② $(3a-2b)^3=(3a)^3-3\cdot(3a)^2\cdot 2b+3\cdot 3a\cdot(2b)^2-(2b)^3$
$\quad\quad\quad\quad\quad\quad = 27a^3-54a^2b+36ab^2-8b^3$　答

3乗公式は，はじめて学ぶときは覚えるのが大変だと思うけど，覚えてしまえばそうでもないよ。とにかく慣れることが大切だから，しっかり練習してちょうだい。

第1章　式の計算

◆ $(ax+b)(cx+d)$ の展開

> 公式Ⅲ　$(ax+b)(cx+d)=acx^2+(ad+bc)x+bd$

$(ax+b)(cx+d)$ を展開すると，$acx^2+(ad+bc)x+bd$ となる。

これは，中学校で学んだ展開公式

$(a+b)(c+d)=ac+ad+bc+bd$

を用いると，次のようにして導くことができる。

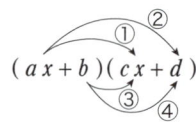

ここで出てくる項の種類は，x^2 や x を含む項と定数項なので，x^2，x の係数および定数項に着目して展開すればいいね。左図で，①が x^2 を含む項，④が定数項，②+③が x を含む項になるね。

それでは，$(3x+2)(2x+1)$ を暗算で展開してみよう。この展開は下のようにしてやるよ。

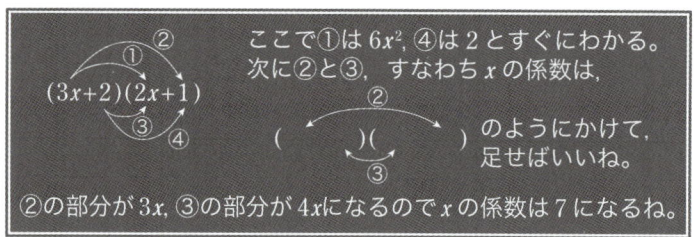

すなわち，$(3x+2)(2x+1)=6x^2+7x+2$ となるね。この計算は，中学校でやっていた展開式：$(x+3)(x+5)=x^2+8x+15$ と同じように暗算でできるように訓練すること。次の問題でこのパターンの展開に慣れようね。

2．乗法公式

練習 4　次の式を展開しなさい。
① $(3x+2)(5x+2)$　　② $(3a-1)(2a+6)$
③ $(3x-2y)(2x-3y)$　　④ $(2a+b)(3a-5b)$

─ 解答 ─

① $15x^2+16x+4$ 答　② $6a^2+16a-6$ 答
③ $6x^2-13xy+6y^2$ 答　④ $6a^2-7ab-5b^2$ 答

─ 解説 ─

① まず x^2 を含む項は，$3x \cdot 5x = 15x^2$ だね。
次に x を含む項は，$3x \cdot 2 + 2 \cdot 5x = 16x$
最後に定数項は，$2 \cdot 2 = 4$ なので，
$(3x+2)(5x+2) = 15x^2+16x+4$ となる。

③ まず x^2 を含む項は，$3x \cdot 2x = 6x^2$ だね。
次に x を含む項は，$3x \cdot (-3y) - 2y \cdot 2x = -13xy$
最後に定数項は，$-2y \cdot (-3y) = 6y^2$ なので，
$(3x-2y)(2x-3y) = 6x^2-13xy+6y^2$ となる。

　上の解説③で，「**文字 y が入っているのに何で定数項？**」と思った人がいるかもしれないけど，③を x についての整式とみると，**x 以外の文字は定数**と考えていいんだね。

ところで，暗算でできるようになったかな？
少し複雑だけど，あと１問やっておこうか。

$(-3x+2)(2x+5)$ を展開しなさい。

─ 解答 ─

$-6x^2-11x+10$ 答

第1章　式の計算

◆ $(a+b+c)^2$ の展開公式

公式Ⅳ　$(a+b+c)^2 = a^2+b^2+c^2+2ab+2bc+2ca$

この公式も覚えておこう。これは，次のように $a+b$ の部分を ( ) でくくって，1つの文字とみて展開すると導ける。

$$\begin{aligned}\{(a+b)+c\}^2 &= (a+b)^2+2(a+b)c+c^2\\&=(a^2+2ab+b^2)+2ac+2bc+c^2\\&=a^2+b^2+c^2+2ab+2bc+2ca\end{aligned}$$

これらの項も2乗だからすべて次数は2になっているね。この公式も覚えておこうね。

練習5　次の式を展開しなさい。
① $(a+b+2c)^2$　　② $(2x-3y+z)^2$

―― 解答・解説 ――

① $(a+b+2c)^2 = a^2+b^2+(2c)^2+2ab+2\cdot b\cdot 2c+2\cdot 2c\cdot a$
　　　　　　　$= a^2+b^2+4c^2+2ab+4bc+4ca$ 答

② $(2x-3y+z)^2 = (2x)^2+(-3y)^2+z^2+2\cdot 2x\cdot(-3y)+2(-3y)\cdot z+2\cdot z\cdot 2x$
　　　　　　　　$= 4x^2+9y^2+z^2-12xy-6yz+4zx$ 答

これで高校の展開にも慣れてきたね。

ところで，高校数学で出てくる展開の公式は絶対暗記する必要がある。ここに，まとめて書いておくね。

公式Ⅰ　$(a+b)^3 = a^3+3a^2b+3ab^2+b^3$
公式Ⅱ　$(a-b)^3 = a^3-3a^2b+3ab^2-b^3$
公式Ⅲ　$(ax+b)(cx+d) = acx^2+(ad+bc)x+bd$
公式Ⅳ　$(a+b+c)^2 = a^2+b^2+c^2+2ab+2bc+2ca$

3 因数分解

　高校での因数分解は，中学校の因数分解（P10）に加えて，主に次の3つの公式を覚える必要がある。次の公式をそのまま覚えてほしい。ここでは，応用問題もやることにするね。

◆ a^3+b^3 と a^3-b^3 の因数分解公式

> 公式Ⅰ　$a^3+b^3=(a+b)(a^2-ab+b^2)$
> 公式Ⅱ　$a^3-b^3=(a-b)(a^2+ab+b^2)$

$\Updownarrow$

> 公式Ⅰ'　$\square^3+\bigcirc^3=(\square+\bigcirc)(\square^2-\square\bigcirc+\bigcirc^2)$
> 公式Ⅱ'　$\square^3-\bigcirc^3=(\square-\bigcirc)(\square^2+\square\bigcirc+\bigcirc^2)$

　この**公式Ⅰ・Ⅱ**については，右辺を展開すると左辺になることがわかるね。自分で右辺を展開してごらん。ところで，a^2+b^2 は因数分解できなかったけど，a^3+b^3 は因数分解できるんだね。不思議だね。

練習6　次の式を因数分解しなさい。
① $27a^3+8b^3$　　② $64x^3y^3-z^3$

── 解答 ──

① $27a^3+8b^3=(3a)^3+(2b)^3$
　　　　　　　$=\{(3a)+(2b)\}\{(3a)^2-3a\cdot 2b+(2b)^2\}$
　　　　　　　$=(3a+2b)(9a^2-6ab+4b^2)$ **答**

② $64x^3y^3-z^3=(4xy)^3-z^3$
　　　　　　　$=\{(4xy)-z\}\{(4xy)^2+4xy\cdot z+z^2\}$
　　　　　　　$=(4xy-z)(16x^2y^2+4xyz+z^2)$ **答**

── 解説 ──

① $3a$ を $\square$，$2b$ を $\bigcirc$ で囲む。
② $4xy$ を $\square$，z を $\bigcirc$ で囲むといいね。

第1章　式の計算

◆たすきがけによる因数分解の公式

通称？「たすきがけ」と呼ばれる因数分解についてやるね。

> **公式Ⅲ**　　$acx^2+(ad+bc)x+bd=(ax+b)(cx+d)$

$6x^2+7x+2$ を因数分解すると，$(ax+b)(cx+d)$ の形になることはわかるね。したがって，

$$6x^2+7x+2=(3x+2)(2x+1) \quad\cdots\cdots\cdots\cdots ①$$

と因数分解できるようになればいいんだ。

$$acx^2+(ad+bc)x+bd=(ax+b)(cx+d) \quad\cdots\cdots ②$$

ここで，①と②の左辺の係数部分を見比べていこう。

①と②の左辺の各項の係数を比較すると，

x^2 の係数：$ac=6$，x の係数：$ad+bc=7$，定数項：$bd=2$

となるような4つの数 a, b, c, d を見つければいいわけだね。この4つの数は，次のようにして求める。

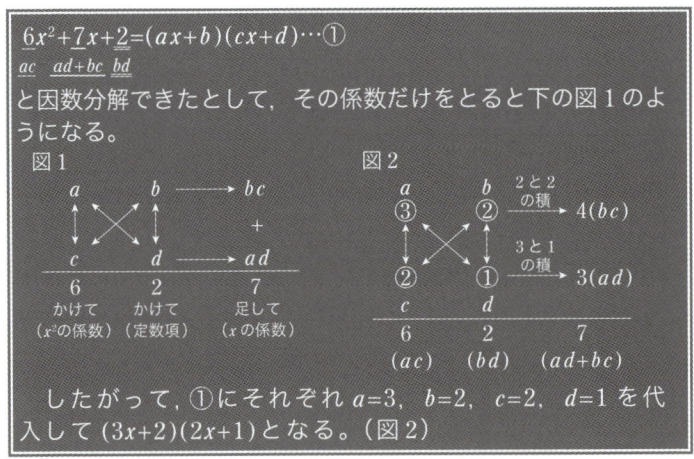

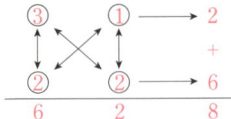

図2で，b と d の2と1を入れ換えると，x^2 の係数と定数項はいいけど，x の係数が8となるのでこれは失敗例だね。

前ページで，a, b, c, d の値を求めるとき，b と c, a と d を斜めにかけるので，通称：たすきがけによる因数分解というんだね。この因数分解は，高校数学では，（とても）^{2} 大切なのでしっかり練習していこう。

練習 7 次の式を因数分解しなさい。

① $2x^2+3x+1$　　② $4x^2-11x+6$

③ $6x^2-5x-6$　　④ $4x^2+8xy-21y^2$

⑤ $4a^2+7ab-2b^2$

解答・解説

① $2x^2+3x+1$

1	1 →	2
		+
2	1 →	1
2	1	3

$(x+1)(2x+1)$ 答

② $4x^2-11x+6$

4	−3 →	−3
		+
1	−2 →	−8
4	6	−11

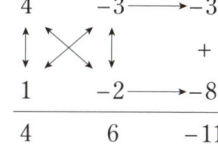

$(4x-3)(x-2)$ 答

③ $6x^2-5x-6$

2	−3 →	−9
		+
3	2 →	4
6	−6	−5

$(2x-3)(3x+2)$ 答

④ $4x^2+8xy-21y^2$

2	$-3y$ →	$-6y$
		+
2	$7y$ →	$14y$
4	$-21y^2$	$8y$

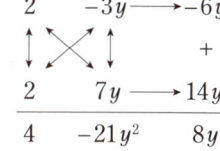

$(2x-3y)(2x+7y)$ 答

⑤ $4a^2+7ab-2b^2$

1	$2b$ →	$8b$
		+
4	$-b$ →	$-b$
4	$-2b^2$	$7b$

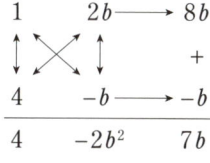

$(a+2b)(4a-b)$ 答

たすきがけの因数分解にも慣れたかな？

第1章 式の計算

◆ハイレベルな因数分解

　最後に少しハイレベルな因数分解にチャレンジしてみよう。次の2つのタイプをしっかり理解しよう。

問題 1 x^3+xy-x^2-y を因数分解しなさい。

── 解答・解説 ──

　因数分解をする1つの手段として，<u>一番低次の文字について整理する方法</u>がある。これは覚えておこう。問題の多項式は，x についての整式とみると3次式だけど，y についての整式とみると1次式なので，y について整理すると解法が見えてくるよ。

$$x^3+xy-x^2-y$$
$$=(x-1)y+x^3-x^2 \quad : y について整理する。$$
$$=(x-1)y+x^2(x-1) \quad : 共通因数 x^2 でくくる。$$
$$=(x-1)(x^2+y) \ 答 \quad : 共通因数 (x-1) でくくる。$$

類題を1つやっておこう！

問題 2 $x^3+yz+xy-xz^2$ を因数分解しなさい。

── 解答・解説 ──

　x については3次式，z については2次式なので，最も次数の低い y について整理してみる。

$$x^3+yz+xy-xz^2$$
$$=y(x+z)+x^3-xz^2 \quad : y について整理。$$
$$=y(x+z)+x(x^2-z^2) \quad : 共通因数 x でくくる。$$
$$=y(x+z)+x(x+z)(x-z) \quad : x^2-z^2 を因数分解。$$
$$=(x+z)\{y+x(x-z)\} \quad : 共通因数 x+z でくくる。$$
$$=(x+z)(y+x^2-xz) \ 答 \quad : \{\quad\} の部分の展開。$$

3．因数分解

問題3 $x^2+4xy+3y^2-3x-7y+2$ を因数分解しなさい。

――解答・解説――

ダブルたすきがけの因数分解 I

式を x について整理する（x 以外の文字はすべて定数とみる）。

$$式 = x^2+(4y-3)x+3y^2-7y+2$$

これは，x についての2次式で，$x^2+○x+□$ の形になっているね。x^2+5x+6 などを思い浮かべればいいよ。

したがって，$x^2+(4y-3)x+3y^2-7y+2$ の因数分解は，

　　足して：$4y-3$
　　かけて：$3y^2-7y+2$

となる数（式）を見つければいいんだね。

ここで，$3y^2-7y+2=(y-2)(3y-1)$ だね。

しかも，$(y-2)$ と $(3y-1)$ は，

　　足して：$4y-3$
　　かけて：$3y^2-7y+2$ になる。

これは，x^2+5x+6 の因数分解，$x^2+5x+6=(x+2)(x+3)$ で，

　　2のところに $(y-2)$
　　3のところに $(3y-1)$

が入った形になっているね。

以上をまとめるね。

$$\begin{aligned}
&x^2+4xy+3y^2-3x-7y+2 \\
&=x^2+(4y-3)x+3y^2-7y+2 \quad :x について整理。\\
&=x^2+(4y-3)x+(y-2)(3y-1) \quad :\sim を因数分解。\\
&=\{x+(y-2)\}\{x+(3y-1)\} \\
&=(x+y-2)(x+3y-1) \quad 答
\end{aligned}$$

少し難しかったかもしれないけど，慣れれば大丈夫！

第 1 章　式の計算

問題 4　$6x^2+13xy+6y^2+5x+5y+1$ を因数分解しなさい。

―― 解答・解説 ――

<u>ダブルたすきがけの因数分解 II</u>

式を x についての 2 次式（x 以外の文字はすべて定数）として整理すると（y について整理してもいい）

$$\text{式}=6x^2+(13y+5)x+\underline{6y^2+5y+1}$$

まず，$\underline{6y^2+5y+1}=(3y+1)(2y+1)$ だね（これが 1 回目のたすきがけ）。

次に式を，$6x^2+\bigcirc x+\square$ とみて因数分解する。

このとき□の部分は，あらかじめ，$(3y+1)(2y+1)$ と決定している（これまでは数だった）ので，x^2 の係数：6 と定数項：$(3y+1)(2y+1)$ ［これは，x についての 2 次式とみているので，x 以外の項はすべて定数と考える］の積の組み合わせを下のようにすればいいね。

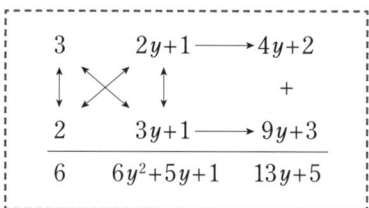

したがって，

$$=\{3x+(2y+1)\}\{2x+(3y+1)\}$$
$$=(3x+2y+1)(2x+3y+1) \ \text{答}\ \text{となって完成 !!!}$$

2 次式の因数分解は，共通因数とたすきがけでできることを知っておこう。例え，文字が 3 つになっても 1 つの文字について整理するといいよ。

3．因数分解

問題 5 x^4+x^2+1 を因数分解しなさい。

---- 解答・解説 ----

これは，難しいね…。しかし，

$$\begin{aligned}
式 &= x^4+x^2+1 \underline{+x^2-x^2} &&: x^2 \text{を加えて} x^2 \text{を引く。}\\
&= x^4+2x^2+1-x^2 \\
&= X^2+2X+1-x^2 &&: \text{ここで} x^2 \text{を} X \text{とおく。}\\
&= (X+1)^2-x^2 &&: X \text{を元に戻して}\\
&\quad \uparrow \square^2-\bigcirc^2=(\square+\bigcirc)(\square-\bigcirc) \text{ の形}\\
&= (x^2+1)^2-x^2 = (x^2+1+x)(x^2+1-x)\\
&= (x^2+x+1)(x^2-x+1) \; 答
\end{aligned}$$

練習 8 次の整式を因数分解しなさい。
① x^4-1　　　　② $x^2+4x+4-y^2$
③ $x^2+3xy+2y^2+2x+5y-3$

---- 解答・解説 ----

① $x^2=X$ とおくと，式 $= X^2-1=(X+1)(X-1)$

　X を元に戻して

$$式=(x^2+1)(x^2-1)=(x^2+1)(x+1)(x-1) \; 答 \text{ となるね。}$$

② $x^2+4x+4-y^2=(x+2)^2-y^2$

　これで，$\square^2-\bigcirc^2$ の形ができた。

$$式=\{(x+2)+y\}\{(x+2)-y\}=(x+y+2)(x-y+2) \; 答$$

③　式を x についての2次式（x 以外は定数）とみて，

$$x^2+(3y+2)x+2y^2+5y-3$$

　ここで，$2y^2+5y-3=(y+3)(2y-1)$ なので，

$$\begin{aligned}
式 &= \{x+(y+3)\}\{x+(2y-1)\}\\
&= (x+y+3)(x+2y-1) \; 答
\end{aligned}$$

最後は大変だったね！頑張れ！

第1章 式の計算

4 分母の有理化

◆分母の有理化

中学校の復習からやっておこう。

> **復習** 次の分母を有理化しなさい。
>
> ① $\dfrac{1}{\sqrt{3}}$　　② $\dfrac{2}{\sqrt{8}}$　　③ $\dfrac{\sqrt{2}}{\sqrt{5}\sqrt{3}}$

――解答・解説――

$\sqrt{}$ の計算の最大のポイントは，$a>0$ のとき
$\sqrt{a}\times\sqrt{a}=a$ だったね。

① $\dfrac{1}{\sqrt{3}}=\dfrac{1}{\sqrt{3}}\times\dfrac{\sqrt{3}}{\sqrt{3}}=\dfrac{\sqrt{3}}{3}$ 答

※ $\dfrac{\sqrt{3}}{\sqrt{3}}=1$ なので $\dfrac{1}{\sqrt{3}}$ と $\dfrac{\sqrt{3}}{3}$ は，見かけは違っても値は同じ。

② $\dfrac{2}{\sqrt{8}}=\dfrac{2}{2\sqrt{2}}=\dfrac{1}{\sqrt{2}}=\dfrac{1}{\sqrt{2}}\times\dfrac{\sqrt{2}}{\sqrt{2}}=\dfrac{\sqrt{2}}{2}$ 答

※ここでのポイントは，$\sqrt{8}$ を $2\sqrt{2}$ に直して有理化すること。$\sqrt{8}$ を分母分子にかけてもいいけど，どうせ約分しなければならないからね。

③ $\dfrac{\sqrt{2}}{\sqrt{5}\sqrt{3}}=\dfrac{\sqrt{2}}{\sqrt{15}}=\dfrac{\sqrt{2}\sqrt{15}}{\sqrt{15}\sqrt{15}}=\dfrac{\sqrt{30}}{15}$ 答

4．分母の有理化

分母の有理化とは，分母分子に同じ数（すなわち1）をかけて，分母を有理数（$\sqrt{}$ がない数）にすることだったね。前ページの復習の①では，$\dfrac{\sqrt{3}}{\sqrt{3}}=1$ をかけることにより分母の $\sqrt{}$ がとれたんだね。

次に，$\dfrac{\sqrt{2}}{\sqrt{3}+1}$ の分母の有理化について考えてみよう。$\sqrt{3}$ は，無理数なので当然 $\sqrt{3}+1$ も無理数になるね。

そこで，分母分子に $\sqrt{3}-1$ をかけることで次のように

$$\dfrac{\sqrt{2}}{\sqrt{3}+1} \times \dfrac{\sqrt{3}-1}{\sqrt{3}-1} = \dfrac{\sqrt{6}-\sqrt{2}}{3-1} = \dfrac{\sqrt{6}-\sqrt{2}}{2}$$

と有理化できる。

乗法公式 $(a+b)(a-b)=a^2-b^2$ を使うと有理化できるね。

さっそく，練習してみよう。

練習9 次の分母を有理化しなさい。

① $\dfrac{2}{\sqrt{2}+3}$　　　② $\dfrac{\sqrt{5}-\sqrt{3}}{\sqrt{5}+\sqrt{3}}$

解答・解説

基本的に，$(a+b)(a-b)=a^2-b^2$ を用いて有理化するわけだね。

① $\dfrac{2}{\sqrt{2}+3} = \dfrac{2(\sqrt{2}-3)}{(\sqrt{2}+3)(\sqrt{2}-3)} = \dfrac{2\sqrt{2}-6}{-7} = \dfrac{6-2\sqrt{2}}{7}$ 答

② $\dfrac{\sqrt{5}-\sqrt{3}}{\sqrt{5}+\sqrt{3}} = \dfrac{(\sqrt{5}-\sqrt{3})(\sqrt{5}-\sqrt{3})}{(\sqrt{5}+\sqrt{3})(\sqrt{5}-\sqrt{3})} = \dfrac{8-2\sqrt{15}}{2} = 4-\sqrt{15}$ 答

この形の有理化にも慣れたかな？

第1章　式の計算

[5] 2重根号をはずす

◆2重根号もはずせるようになろう！

　この分野は，これまでの数学検定ではあまり出題されたことはないけど，今後出題される可能性があるので一応やっておこう。

　まず，次の式を理解しよう。

$$\sqrt{3^2}=3 \qquad \sqrt{(-3)^2}=3$$

　これは，いずれの場合も，$\sqrt{}$ の中は，9になるので，答えは3になるね。このことから，次が成り立つのはわかるかな？

$$\sqrt{a^2}=|a|=\begin{cases} a & (a\geqq 0) \quad a が 0 以上の数 \\ -a & (a<0) \quad a が負の数 \end{cases}$$

　これは，$\sqrt{a^2}$ の値は，a が0以上の数のときはそのまま $\sqrt{}$ の外に出るけど，a が負の数のときには，−をつけて $\sqrt{}$ の外に出ることを意味しているんだね。

　ところで，記号 $|\ \ |$ は絶対値を表す記号で，

$$|5|=5, \quad |-5|=5$$

となるよ。

　したがって，$\sqrt{a^2}$ の値は，a の正負に関わらず正の値になるので，a に絶対値記号 $|\ \ |$ がついたんだね。

　次の例で確認しておこう。

　　例：$\sqrt{5^2}=|5|=5 \qquad \sqrt{(-5)^2}=|-5|=5$

念のために，もう一度確認しておくよ。

 が出てきたときには，

○が正の数ならば，そのまま○

○が負の数ならば，○に−をつけて−○となることを覚えておこう。これはとても大切なことだよ。

5．2重根号をはずす

> **練習10** 次の式の値を求めなさい。
> ① $\sqrt{10^2}$ ② $\sqrt{(-10)^2}$

――解答・解説――

① 10は正の数なのでそのまま外に出るね。
② −10は負の数なので，−をつける。

以上のことから，

① $|10|=10$ 答   ② $|-10|=-(-10)=10$ 答 だね。

次に応用に入るね。

> **練習11** 次の式の値を求めなさい。
> ① $\sqrt{(\sqrt{10})^2}$ ② $\sqrt{(-\sqrt{10})^2}$

――解答・解説――

① $\sqrt{\bigcirc^2}$ で，○が正の数のときには，○がそのまま $\sqrt{}$ の外に出るんだったね。今回は○が $\sqrt{10}$ なんだね。
したがって，$|\sqrt{10}|=\sqrt{10}$ 答 となるよ。

② $\sqrt{\bigcirc^2}$ で，○が負の数のときには，○に−をつければよかったね。今回は○が $-\sqrt{10}$ なので，
$|-\sqrt{10}|=-(-\sqrt{10})=\sqrt{10}$ 答 となるよ。

※今回の $\sqrt{(\sqrt{10})^2}$ や $\sqrt{(-\sqrt{10})^2}$ のように，$\sqrt{}$ が二重に重なった式の $\sqrt{}$ をはずすことを，2重根号をはずすという。

第1章 式の計算

練習12 次の式の値を求めなさい。
① $\sqrt{(\sqrt{13})^2}$
② $\sqrt{(-\sqrt{15})^2}$

―― 解答・解説 ――

① $\sqrt{(\sqrt{13})^2} = |\sqrt{13}| = \sqrt{13}$ 答

② $\sqrt{(-\sqrt{15})^2} = |-\sqrt{15}| = -(-\sqrt{15}) = \sqrt{15}$ 答

※ $\sqrt{13} > 0$，したがってそのまま外に出るんだね。

これに対して，$-\sqrt{15} < 0$ なので，$-$ がつくんだね。

ここで中学校の復習をしておこう。次の計算は暗算でできるかな？

復習
① $(\sqrt{3}+\sqrt{2})^2$
② $(\sqrt{3}-\sqrt{5})^2$

―― 解答・解説 ――

$(\square \pm \bigcirc)^2 = \square^2 \pm 2\square\bigcirc + \bigcirc^2 = \square^2 + \bigcirc^2 \pm 2\square\bigcirc$

① $(\sqrt{3}+\sqrt{2})^2$
$= (\sqrt{3})^2 + (\sqrt{2})^2 + 2\sqrt{3}\sqrt{2}$
$= 3 + 2 + 2\sqrt{6}$
$= 5 + 2\sqrt{6}$ 答

② $(\sqrt{3}-\sqrt{5})^2$
$= (\sqrt{3})^2 + (\sqrt{5})^2 - 2\sqrt{3}\sqrt{5}$
$= 3 + 5 - 2\sqrt{15}$
$= 8 - 2\sqrt{15}$ 答

5. 2重根号をはずす

以上のことから，
$$(\sqrt{a}+\sqrt{b})^2 = a+b+2\sqrt{ab}$$
となるのは，わかるね。

では，逆に $5+2\sqrt{6}$ を $(\sqrt{○}+\sqrt{□})^2$ の形に直せと言われたら，

　　　足して 5，かけて 6 になる数

すなわち 2 と 3 を用いて，$5+2\sqrt{6} = (\sqrt{2}+\sqrt{3})^2$ または，$(\sqrt{3}+\sqrt{2})^2$ となるんだね。

少し練習してみよう。

> **練習13** 次の式を $(\sqrt{a}+\sqrt{b})^2$ または，$(\sqrt{a}-\sqrt{b})^2$ の形で表しなさい。
> ① $8+2\sqrt{7}$ 　　② $12-2\sqrt{35}$

---- 解答・解説 ----

① かけて 7，足して 8 になる数を見つければいいね。
② かけて 35，足して 12 になる数を見つければいいね。
したがって，

① $8+2\sqrt{7}$
　$= (\sqrt{7}+\sqrt{1})^2$
　$= (\sqrt{7}+1)^2$ 答
　または，
　　$(1+\sqrt{7})^2$ 答

② $12-2\sqrt{35}$
　$= (\sqrt{7}-\sqrt{5})^2$ 答
　または，
　　$(\sqrt{5}-\sqrt{7})^2$ 答

ここは，中学 3 年の内容だけど慣れるまで練習してちょうだいね！

第1章　式の計算

準備が整ったので,「2重根号をはずす」問題をやろう。2重根号とは, $\sqrt{}$ の中に $\sqrt{}$ が入っている式のことだったね。「2重根号をはずす」とは, $\sqrt{}$ を1つはずすということ。次の問題で確認しよう。

練習14　次の式の二重根号をはずしなさい。
① $\sqrt{8+2\sqrt{7}}$　　　② $\sqrt{12-2\sqrt{35}}$

──解答・解説──

① $\sqrt{8+2\sqrt{7}}$
　$=\sqrt{(\sqrt{7}+1)^2}$
　$=\sqrt{7}+1$ 答

：足して8, かけて7になる数は1と7。
　したがって, $8+2\sqrt{7}=(\sqrt{7}+1)^2$
　$\sqrt{a^2}=a(a\geq 0)$ だったね。
　$\sqrt{7}+1$ は, 正なのでそのまま外に出る。

② $\sqrt{12-2\sqrt{35}}$

：足して12, かけて35になる数は5と7。
　したがって, $12-2\sqrt{35}=(\sqrt{5}-\sqrt{7})^2$
　または, $(\sqrt{7}-\sqrt{5})^2$

　$=\sqrt{(\sqrt{5}-\sqrt{7})^2}$
　$=\sqrt{5}-\sqrt{7}$

：ここまでは正しい。
：とした人は, 残念ながら間違いなんだね。

なぜなら, $\sqrt{5}-\sqrt{7}$ の値は負なので, これに－をつけて, $\sqrt{}$ の外に出さないといけないね。
$\sqrt{a^2}=-a(a<0)$ だったね。

したがって $\sqrt{12-2\sqrt{35}}$
　$=\sqrt{(\sqrt{5}-\sqrt{7})^2}$
　$=|\sqrt{5}-\sqrt{7}|$
　$=-(\sqrt{5}-\sqrt{7})$
　$=\sqrt{7}-\sqrt{5}$ 答

または $\sqrt{12-2\sqrt{35}}$
　$=\sqrt{(\sqrt{7}-\sqrt{5})^2}$
　$=|\sqrt{7}-\sqrt{5}|$
　$=\sqrt{7}-\sqrt{5}$ 答

$\sqrt{a^2}$ の形が出てきたら, a の値が正であるか負であるかに徹底して注意しないといけないね。

第2章

2次関数

1. 2次方程式
2. $y=ax^2$ のグラフ
3. $y=a(x-p)^2$ のグラフ
4. $y=ax^2+q$ のグラフ
5. $y=a(x-p)^2+q$ のグラフ
6. 2次関数の最大値と最小値
7. 2次関数の決定

第2章　2次関数

1　2次方程式

◆2次方程式

　2次方程式と2次関数は，とても密接に関係しているので，まず2次方程式の復習からはじめていこう。

　「$ax^2+bx+c=0$」の形で表される方程式を2次方程式というんだけど，これには$a\neq 0$という条件がつく。$a=0$ならば1次方程式だからね。

◆因数分解型（因数分解を用いて解いた方が楽な型）

> **練習1**　次の2次方程式を解きなさい。
> ① $(x-1)(x-2)=0$　　② $(x+5)(x+2)=0$
> ③ $(x+3)(x-1)=0$　　④ $x(x+1)=0$
> ⑤ $(x+\sqrt{5})(x-\sqrt{3})=0$　　⑥ $\left(x+\dfrac{1}{2}\right)\left(x-\dfrac{1}{3}\right)=0$

―― 解答・解説 ――

① $x-1=0$ または $x-2=0$
　　$x=1$　　　　$x=2$
　答 $x=1,\ 2$

② $x+5=0$ または $x+2=0$
　　$x=-5$　　　$x=-2$
　答 $x=-5,\ -2$

③ $x+3=0$ または $x-1=0$
　　$x=-3$　　　$x=1$
　答 $x=-3,\ 1$

④ $x=0$ または $x+1=0$
　　x自体が0　　$x=-1$
　答 $x=0,\ -1$

⑤ $x+\sqrt{5}=0$ または $x-\sqrt{3}=0$
　　$x=-\sqrt{5}$　　　$x=\sqrt{3}$
　答 $x=-\sqrt{5},\ \sqrt{3}$

⑥ $x+\dfrac{1}{2}=0$ または $x-\dfrac{1}{3}=0$
　　$x=-\dfrac{1}{2}$　　　$x=\dfrac{1}{3}$
　答 $x=-\dfrac{1}{2},\ \dfrac{1}{3}$

1．2次方程式

> **練習2** 次の2次方程式を解きなさい。
> ① $x^2+3x+2=0$
> ② $x^2+5x-6=0$
> ③ $3x^2+9x-12=0$
> ④ $x^2+4x+4=0$
> ⑤ $4x^2-4x+1=0$

――解答・解説――

① $x^2+3x+2=0$
$(x+2)(x+1)=0$
$x+2=0$ または $x+1=0$
答 $x=-2,\ -1$

③ $3x^2+9x-12=0$
両辺を3で割る（必ず実行）。
$x^2+3x-4=0$
$(x+4)(x-1)=0$
$x+4=0$ または $x-1=0$
答 $x=-4,\ 1$

⑤ $4x^2-4x+1=0$
$(2x-1)^2=0$
$2x-1=0$
$2x=1$
答 $x=\dfrac{1}{2}$

② $x^2+5x-6=0$
$(x+6)(x-1)=0$
$x+6=0$ または $x-1=0$
答 $x=-6,\ 1$

④ $x^2+4x+4=0$
$(x+2)^2=0$
これは $(x+2)(x+2)=0$ の形
答 $x=-2$

※この場合，答えが1つになる（重解）。

　一般的に2次方程式は，答えが2つあるんだけど，2つの答えが重なったんだね。この重なった解を「重解」というよ。

第2章 2次関数

◆平方根型（平方根の考えを用いて解いた方が楽な型）

$x^2=a\,(a>0)$ ならば，$x=\pm\sqrt{a}$ を活用することで解けるね。

練習3 次の2次方程式を解きなさい。
① $x^2=9$ ② $x^2=5$ ③ $x^2-16=0$
④ $x^2-7=0$ ⑤ $2x^2=32$ ⑥ $3x^2-9=0$
⑦ $x^2=\dfrac{2}{3}$ ⑧ $2x^2=\dfrac{1}{3}$

―解答・解説―

① $x^2=9$
答 $x=\pm 3$

② $x^2=5$
答 $x=\pm\sqrt{5}$

③ $x^2-16=0$
$x^2=16$
答 $x=\pm 4$

④ $x^2-7=0$
$x^2=7$
答 $x=\pm\sqrt{7}$

⑤ $2x^2=32$
両辺を2で割る。
$x^2=16$
答 $x=\pm 4$

⑥ $3x^2-9=0$
$3x^2=9$
$x^2=3$
答 $x=\pm\sqrt{3}$

⑦ $x^2=\dfrac{2}{3}$

$$x=\pm\sqrt{\dfrac{2}{3}}=\pm\dfrac{\sqrt{2}}{\sqrt{3}}=\pm\dfrac{\sqrt{2}\times\sqrt{3}}{\sqrt{3}\times\sqrt{3}}=\pm\dfrac{\sqrt{6}}{3}\ \textbf{答}$$

有理化を忘れずに！

⑧ $2x^2=\dfrac{1}{3}$ ：両辺を2で割る。

$x^2=\dfrac{1}{6}$

$$x=\pm\sqrt{\dfrac{1}{6}}=\pm\dfrac{\sqrt{1}}{\sqrt{6}}=\pm\dfrac{1\times\sqrt{6}}{\sqrt{6}\times\sqrt{6}}=\pm\dfrac{\sqrt{6}}{6}\ \textbf{答}$$

◆平方根型の応用

2次方程式 $(x+1)^2=5$ を解いてみよう。

$(x+1)^2=5$ となるような x を求めるわけだけど,すぐには求まらないね。こんな場合,$x+1=X$ とおくと,$X^2=5$ となるので,$X=\pm\sqrt{5}$ になる。ここで,X を元に戻すと $x+1=\pm\sqrt{5}$ だから,1を移項して $x=-1\pm\sqrt{5}$ になる。この答えは,$x=-1+\sqrt{5}$ と $x=-1-\sqrt{5}$ になるといっているんだね。

それでは $x=-1\pm\sqrt{5}$ が2次方程式 $(x+1)^2=5$ の解であることを確かめてみよう。

$$(x+1)^2=5 \quad \cdots\cdots\cdots ①$$

の x に $x=\underline{-1\pm\sqrt{5}}$ を代入するね。

$$(\underline{-1\pm\sqrt{5}}+1)^2=(\pm\sqrt{5})^2=5$$

となって,確かに①の2次方程式の解であることがわかるね。

練習4 次の2次方程式を解きなさい。
① $(x+2)^2=3$ ② $(x+3)^2=16$
③ $(2x+1)^2=7$

── 解答・解説 ──

① $(x+2)^2=3$
$x+2=\pm\sqrt{3}$
答 $x=-2\pm\sqrt{3}$

③ $(2x+1)^2=7$
$2x+1=\pm\sqrt{7}$
$2x=-1\pm\sqrt{7}$
答 $x=\dfrac{-1\pm\sqrt{7}}{2}$

② $(x+3)^2=16$
$x+3=\pm 4$
$x=-3\pm 4$

ここで終わらないように!

これは,$x=-3+4$ と $x=-3-4$ をまとめて書いたものなので,それぞれを計算しなければいけない。

$x=-3+4=1$, $x=-3-4=-7$

したがって,**答** $x=1$, -7

第2章　2次関数

2次方程式の学習も最後になった。

これから学ぶ方法を，ズバリ「無理やり平方根型」とでも言っておこうか。何でこんな名前を付けたかというと，文字どおり無理やり $(x+a)^2=b$ の形を作るからなんだね。この形を作る前に乗法公式について復習しておこう。次の因数分解を見てくれ。

$$x^2+6x+9=(x+3)^2 \qquad x^2-10x+25=(x-5)^2$$

これらの式については，自由に 左辺⇔右辺 の変形ができるようにしておかないといけなかったね。

ここで，$x^2+6x+9=(x+3)^2$ で，左辺の x の係数 6 と右辺の $(x+a)^2$ の a，すなわち 3 を比べると，a は，6 の半分になっていることがわかる。

乗法公式　$x^2 + \underbrace{2ax}_{2a\text{の半分}} + a^2 = (x+\underbrace{a}_{a})^2$

それでは，$x^2+4x-1=0$ を解いてみよう。$x^2+4x-1=0$ は，因数分解できないね。そこで平方根型 $(x+a)^2=b$ の形 に無理やり変形してみよう。この変形は，今後の数学人生でよく使う変形だから慣れる必要がある!!

はじめは難しいけど慣れるまで頑張ろう。

$x^2+4x-1=0$

$x^2+4x=1$ 　　　　　　　　　　：-1 を移項。

$x^2+4x+4=1+4$ 　　　　　　　：x の係数 4 の半分，すなわち 2 の 2 乗の 4 を加える。

$(x+2)^2=5$ 　　　　　　　　　：$X^2=a$ の形になった。

$x+2=\pm\sqrt{5}$ 　　　　　　　：平方根の考え

$x=-2\pm\sqrt{5}$ 　　　　　　　：$+2$ を移項。

1. 2次方程式

練習5 次の2次方程式を解きなさい。
① $x^2+6x-1=0$　　② $x^2+10x-2=0$

―― 解答・解説 ――

① $x^2+6x-1=0$
$x^2+6x=1$
$x^2+6x+3^2=1+3^2$
$(x+3)^2=10$
$x+3=\pm\sqrt{10}$
答 $x=-3\pm\sqrt{10}$

② $x^2+10x-2=0$
$x^2+10x=2$
$x^2+10x+5^2=2+5^2$
$(x+5)^2=27$
$x+5=\pm 3\sqrt{3}$
答 $x=-5\pm 3\sqrt{3}$

練習6 次の2次方程式を解きなさい。
① $x^2+5x-2=0$　　② $-x^2+3x+1=0$

―― 解答・解説 ――

① $x^2+5x-2=0$
$x^2+5x=2$
$x^2+5x+\left(\dfrac{5}{2}\right)^2=2+\left(\dfrac{5}{2}\right)^2$
$\left(x+\dfrac{5}{2}\right)^2=\dfrac{33}{4}$
$x+\dfrac{5}{2}=\pm\sqrt{\dfrac{33}{4}}$
$x=-\dfrac{5}{2}\pm\dfrac{\sqrt{33}}{2}$
答 $x=\dfrac{-5\pm\sqrt{33}}{2}$

② $-x^2+3x+1=0$
両辺に-1をかけて
$x^2-3x-1=0$
$x^2-3x=1$
$x^2-3x+\left(\dfrac{3}{2}\right)^2=1+\left(\dfrac{3}{2}\right)^2$
$\left(x-\dfrac{3}{2}\right)^2=\dfrac{13}{4}$
$x-\dfrac{3}{2}=\pm\dfrac{\sqrt{13}}{2}$
答 $x=\dfrac{3\pm\sqrt{13}}{2}$

第2章　2次関数

◆2次方程式の解の公式

これまで，因数分解ができない2次方程式では，$(x+a)^2=b$ の形（これを完全平方式という）に無理やり変形して平方根の考えを使って x を求めてきたけど，毎回やるのは面倒なので，

$$2次方程式：ax^2+bx+c=0 (a \neq 0)$$

をまるごと解いてみよう。実際の問題では，上で解いたように a, b, c には数が入っているんだけどね。

それでは，2次方程式　$ax^2+bx+c=0 (a \neq 0)$ を解くぞ!!

目的は，「$(x+○)^2=□$」の形にすることだね。次のページにその解法を書いておくよ。

どうしても理解しづらい人は，下に $a=2$, $b=6$, $c=-1$ の例を書いておくので見比べながらやってね。

$2x^2+6x-1=0$ 　　　　　　：この両辺を2で割ると

$x^2+3x-\dfrac{1}{2}=0$ 　　　　　：ここで $-\dfrac{1}{2}$ を移項して

$x^2+3x=\dfrac{1}{2}$ 　　　　　　：ここで，x の係数3の半分，すなわち $\dfrac{3}{2}$

　　　　　　　　　　　　　　　の2乗の $\dfrac{9}{4}$ を加えると，

$x^2+3x+\left(\dfrac{3}{2}\right)^2=\dfrac{1}{2}+\dfrac{9}{4}$ 　：両辺に $\dfrac{9}{4}$ を加えても当然等号は成り立つ。

$\left(x+\dfrac{3}{2}\right)^2=\dfrac{11}{4}$ 　　　　　：ここまでくれば，これまでの問題とまっ

　　　　　　　　　　　　　　　たく同じ！

　　　　　　　　　　　　　　　$x+\dfrac{3}{2}=X$ とおくと，$X^2=\dfrac{11}{4}$ の形だね。

$x+\dfrac{3}{2}=\pm\sqrt{\dfrac{11}{4}}=\pm\dfrac{\sqrt{11}}{2}$ 　：$\dfrac{3}{2}$ を移項して

$x=\dfrac{-3\pm\sqrt{11}}{2}$ 　　　　　：これでおしまい！

1．2次方程式

$ax^2+bx+c=0 (a \neq 0)$ ……①　　：x^2 の係数 a が邪魔なので，①の両辺を a で割るぞ！

$x^2+\dfrac{b}{a}x+\dfrac{c}{a}=0$　　：$\dfrac{c}{a}$ を移項する。

$x^2+\dfrac{b}{a}x=-\dfrac{c}{a}$ ……②　　：両辺に x の係数 $\dfrac{b}{a}$ の半分，すなわち $\dfrac{b}{2a}$ の2乗を加える。

$\underline{x^2+\dfrac{b}{a}x+\left(\dfrac{b}{2a}\right)^2}=-\dfrac{c}{a}+\left(\dfrac{b}{2a}\right)^2$

$\underline{\left(x+\dfrac{b}{2a}\right)^2}=-\dfrac{c}{a}+\dfrac{b^2}{4a^2}$　　：右辺は分数の足し算なので，分母 $4a^2$ で通分すると

$\dfrac{-4ac+b^2}{4a^2}=\dfrac{b^2-4ac}{4a^2}$

$\left(x+\dfrac{b}{2a}\right)^2=\boxed{\dfrac{b^2-4ac}{4a^2}}$　　：これで $(x+\bigcirc)^2=\square$ の形ができた。

文字がたくさん出てきて大変だけど，a，b，c は数だから，$\dfrac{b}{2a}$ も $\dfrac{b^2-4ac}{4a^2}$ も実際には整数や分数などになるんだね。

あとは，平方根の考えで

$x+\dfrac{b}{2a}=\pm\sqrt{\dfrac{b^2-4ac}{4a^2}}=\pm\dfrac{\sqrt{b^2-4ac}}{\sqrt{4a^2}}=\pm\dfrac{\sqrt{b^2-4ac}}{2a}$

すなわち

$x+\dfrac{b}{2a}=\pm\dfrac{\sqrt{b^2-4ac}}{2a}$　　：$\dfrac{b}{2a}$ を移項して

$x=\dfrac{-b\pm\sqrt{b^2-4ac}}{2a}$

ここは本当は $2|a|$ なんだけど，a の正負で場合分けすると，結果的に左と同じになるんだね。

計算が大変だったけど，これを自分で導けるようになるとすごく力がつくよ。繰り返してやってごらん。

第 2 章　2 次関数

大変だったね。ここで，話は元に戻すけど，

> 2 次方程式　$ax^2+bx+c=0\,(a\neq 0)$ の解は
> $$x=\frac{-b\pm\sqrt{b^2-4ac}}{2a}$$

なんだね。これを，2 次方程式の解の公式 といい，暗記する必要がある。これを用いると，2 次方程式 $x^2+4x-1=0$ も，解の公式に代入することですぐに解ける。

$x^2+4x-1=0$ は，2 次方程式 $ax^2+bx+c=0$ で，$a=1$，$b=4$，$c=-1$ の場合だから，解の公式の a，b，c にそれぞれの値を代入して

$$\begin{aligned}x&=\frac{-4\pm\sqrt{4^2-4\times 1\times(-1)}}{2\times 1}\\&=\frac{-4\pm\sqrt{16+4}}{2}\\&=\frac{-4\pm\sqrt{20}}{2}\\&=\frac{-4\pm 2\sqrt{5}}{2}\qquad :2\text{ で約分できるね。}\\&=-2\pm\sqrt{5}\end{aligned}$$

ここで大切なことは，$ax^2+bx+c=0\,(a\neq 0)$ の形の 2 次方程式は，a，b，c がどんな数でも，その解は

$$x=\frac{-b\pm\sqrt{b^2-4ac}}{2a}$$

になるといっていることだね。したがって，実際に問題を解くときには，この解の公式に，a，b，c の値を代入するだけでいいんだよ。

1．2次方程式

では，解の公式を使って，次の2次方程式を解いてごらん。

練習7 次の2次方程式を解きなさい。
① $x^2+3x-5=0$ ② $2x^2+3x-1=0$
③ $x^2+2x-4=0$ ④ $-2x^2+5x+3=0$

―― 解答・解説 ――

① $a=1$, $b=3$, $c=-5$ なので
$$x=\frac{-3\pm\sqrt{3^2-4\times1\times(-5)}}{2\times1}$$
$$=\frac{-3\pm\sqrt{29}}{2} \text{ 答}$$

② $a=2$, $b=3$, $c=-1$ なので
$$x=\frac{-3\pm\sqrt{3^2-4\times2\times(-1)}}{2\times2}$$
$$=\frac{-3\pm\sqrt{17}}{4} \text{ 答}$$

③ $a=1$, $b=2$, $c=-4$ なので
$$x=\frac{-2\pm\sqrt{2^2-4\times1\times(-4)}}{2\times1}$$
$$=\frac{-2\pm\sqrt{20}}{2}=\frac{-2\pm2\sqrt{5}}{2}$$
$$=-1\pm\sqrt{5} \text{ 答}$$

④ $-2x^2+5x+3=0$
両辺に-1をかけて
$2x^2-5x-3=0$
$a=2$, $b=-5$, $c=-3$ なので
$$x=\frac{-(-5)\pm\sqrt{(-5)^2-4\times2\times(-3)}}{2\times2}=\frac{5\pm\sqrt{49}}{4}=\frac{5\pm7}{4}$$
$$x=\frac{5+7}{4}=3, \quad x=\frac{5-7}{4}=-\frac{1}{2} \quad \text{答} \; x=3, \; -\frac{1}{2}$$

> $ax^2+bx+c=0$で
> aが負の数のときは，両辺に
> -1をかけると計算しやすい。

　2次方程式の解法についてまとめておこう。2次方程式は，2つの解法（因数分解の考え，平方根の考え）で解くことができたね。したがって，実際に問題を解く場合には，因数分解ができるものについては，因数分解による解法で，因数分解できないものについては，解の公式を活用すればいいわけだ。

◆解の公式の落とし穴と，b が偶数であるときの解の公式！

　$ax^2+bx+c=0$ で b が偶数のときには，必ず 2 で約分できることに注意しようね。

　　例えば　$x^2+2x-7=0$　（$a=1$，$b=2$，$c=-7$）

$$x=\frac{-2\pm\sqrt{2^2-4\times 1\times(-7)}}{2\times 1}$$

$$=\frac{-2\pm\sqrt{4+28}}{2}$$

$$=\frac{-2\pm\sqrt{32}}{2}$$

$$=\frac{-2\pm 4\sqrt{2}}{2} \quad :これは，2で約分できるね。$$

$$=-1\pm 2\sqrt{2}$$

それならば，b が偶数であるときの解の公式も覚えておこう。

> 2 次方程式
>
> 　　$ax^2+bx+c=0$ で，b が偶数のときの解は，
>
> $$x=\frac{-b'\pm\sqrt{b'^2-ac}}{a} \quad ただし，b'=\frac{b}{2}（b の半分）$$

この公式を使って上の問題を解いてみるね。

　　$a=1$，$b'=1$（$b=2$ の半分），$c=-7$ なので

$$x=\frac{-1\pm\sqrt{1^2-1\times(-7)}}{1}$$

$$=-1\pm\sqrt{8}$$

$$=-1\pm 2\sqrt{2}$$

こちらの公式で解くと約分しなくてすむね。

では，このタイプ（bが偶数）の練習問題をやっておこう。

> **練習8** 次の2次方程式を解きなさい。
> ① $x^2+8x-1=0$　　② $-3x^2-4x=-2$

──**解答・解説**──────────────

2次方程式

$ax^2+bx+c=0$ で，b が偶数のときの解は，

$$x=\frac{-b'\pm\sqrt{b'^2-ac}}{a} \quad \text{ただし，} b'=\frac{b}{2}（bの半分）$$

① $a=1$, $b'=4$, $c=-1$ なので

$$x=\frac{-4\pm\sqrt{4^2-1\times(-1)}}{1}$$

$$=-4\pm\sqrt{17} \;\text{答}$$

② $-3x^2-4x=-2$　　　　　　　　：-2 を移項。

　　$-3x^2-4x+2=0$　　　　　　　：両辺を-1で割る。

　　$3x^2+4x-2=0$

　　$a=3$, $b'=2$, $c=-2$ なので

$$x=\frac{-2\pm\sqrt{2^2-3\times(-2)}}{3}$$

$$=\frac{-2\pm\sqrt{10}}{3} \;\text{答}$$

ところで，$ax^2+bx+c=0$ で，bが偶数の場合にどうして，前ページの公式が出てくるかについては，通常の（?）解の公式のbに$2b'$を代入すると，2で約分できることがわかる。自分でやってごらん。いずれにしろ，bが偶数の場合の解の公式は，数学検定の準2級では，よく出題されるのでしっかり練習しておくこと。

2 $y=ax^2$ のグラフ

◆ 2次関数の定義

$y=ax^2+bx+c(a\neq 0)$ の形で表される関数を 2 次関数というよ。関数を表す記号 f を用いて，$f(x)=ax^2+bx+c$ と表すこともあるよ。2 次関数について学んでいこう。まずは，中学校の復習からはじめるね。

◆ $y=ax^2$ のグラフ

$y=ax^2(a\neq 0, a$ は定数$)$ のグラフの復習をしよう。ここでは，$a=1$ の場合，すなわち $y=x^2$ のグラフを完成させようね。

$y=x^2$ の値の表は，下のようになるね。

x	…	-3	-2	-1	0	1	2	3	…
y	…	9	4	1	0	1	4	9	…

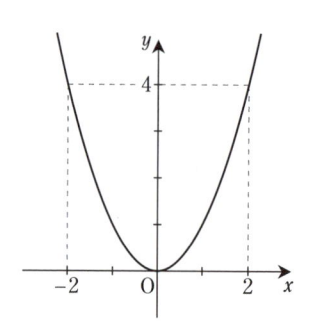

この値の表から，グラフは左のようになる。このグラフは，放物線と呼ばれ，**$x=0$ のグラフ（y 軸のこと）を軸として線対称(この考えは重要)** になっているね。

それでは，$y=2x^2$ と $y=-\dfrac{1}{2}x^2$ のグラフを簡単に書いてごらん。グラフは次のようになるね。

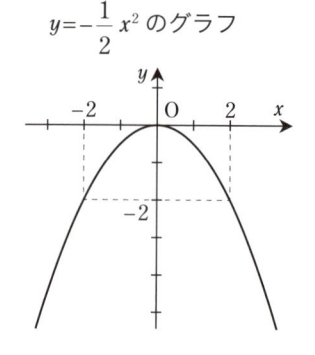

$y=2x^2$ のグラフ

$y=-\dfrac{1}{2}x^2$ のグラフ

3 $y=a(x-p)^2$ のグラフ

では，次に $y=2(x-1)^2$ のグラフを書いてみようね。下に値の表を書いておくね。

値の表→

x	-2	-1	0	1	2	3	4
y	18	8	2	0	2	8	18

$x=1$ で左右対称

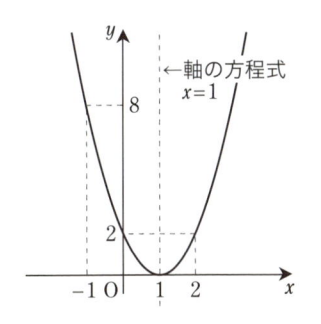

この値の表から，**グラフは，$x=1$ のグラフを軸として，左右対称**になるね。

よって，グラフは，左図のようになるよ。

左図の点線の式：$x=1$

を軸の方程式と呼ぶので覚えておこう。ここで注目してほしいことは，このグラフは，

> $y=2x^2$ のグラフを x 軸方向に
> 1 だけ平行移動したもの

になっていることだね。このことから，

> ・$y=a(x-p)^2$ のグラフは，$y=ax^2$ のグラフを x 軸方向に，
> p だけ平行移動したグラフ
> ・軸の方程式は，$x=p$

であることがわかるね。また，

$$y=2(x-1)^2=2x^2-4x+2 \quad :展開した$$

なので，$y=2(x-1)^2$ のグラフは，$y=2x^2-4x+2$ のグラフでもあったんだね。

次の問題でグラフの書き方に慣れようね。

第2章　2次関数

練習9 次の関数のグラフを書きなさい。
① $y=(x-1)^2$　　　　② $y=-2(x+1)^2$

── 解説 ──

①の値の表は次のようになるね。

x	-2	-1	0	1	2	3	4
y	9	4	1	0	1	4	9

値の表から，$x=1$ を中心として左右対称になっているね。したがって，軸の方程式は，$x=1$ だね。

> $y=(x-1)^2$ のグラフは，$y=1x^2$（あえて1と書いた）のグラフを x 軸方向に1だけ平行移動したグラフ

②の値の表は次のようになるね。

x	-4	-3	-2	-1	0	1	2
y	-18	-8	-2	0	-2	-8	-18

値の表から，$x=-1$ を中心として左右対称になっているね。したがって軸の方程式は，$x=-1$ だね。

> $y=-2(x+1)^2$ のグラフは，$y=-2x^2$ のグラフを x 軸方向に -1 だけ平行移動したグラフ：$y=-2\{x-(-1)\}^2$

$y=a(x-p)^2$ で，$p=-1$ だったんだね。

── 解答 ──

① $y=(x-1)^2$ のグラフ

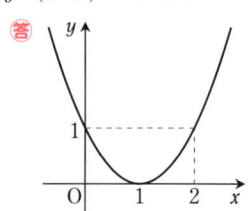

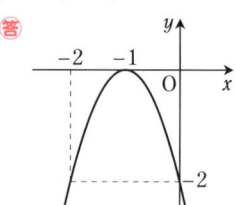

② $y=-2(x+1)^2$ のグラフ

4 $y=ax^2+q$ のグラフ

$y=2x^2+1$ や $y=-2x^2+3$ のグラフは簡単だね。これらは，それぞれ $y=2x^2$ と $y=-2x^2$ のグラフを，y 軸方向に，それぞれ 1，3 だけ平行移動すればいい。グラフを下に書いておく。

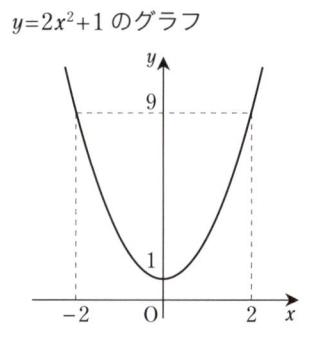

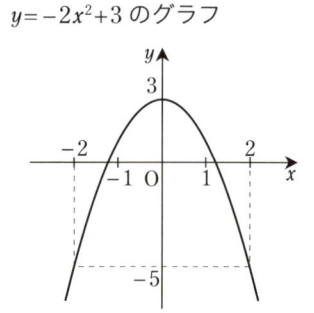

$y=2x^2+1$ のグラフ

$y=-2x^2+3$ のグラフ

以上のことから

> $y=ax^2+q$ のグラフは，$y=ax^2$ のグラフを y 軸方向に，q だけ平行移動したグラフ

ここで，$y=-2x^2+3$ と x 軸との交点の x 座標を求めてみよう。

グラフの交点の座標を求めるときは，連立方程式を解けばよかったね。この場合の連立方程式は，

$$\begin{cases} y=-2x^2+3 \\ y=0 \quad (x\text{軸の方程式}) \end{cases}$$

すなわち，2 次方程式：$-2x^2+3=0$ を解けばいいんだね。

$-2x^2+3=0$

$-2x^2=-3$

$x^2=\dfrac{3}{2}$

$x=\pm\sqrt{\dfrac{3}{2}}=\pm\dfrac{\sqrt{3}}{\sqrt{2}}=\pm\dfrac{\sqrt{6}}{2}$

$\sqrt{6}≒2.44$ より

$\pm\dfrac{\sqrt{6}}{2}≒\pm1.22$

なので，x 軸との交点の座標は，ほぼ $(\pm1.22, 0)$ となるね。

グラフを書くときの目安にしよう。

5 $y=a(x-p)^2+q$ のグラフ

いよいよ最後だね。$y=a(x-p)^2+q$ の形のグラフを書くぞ。数学検定の準2級の2次試験では，よく出題されるよ。頑張ろう。

それでは，さっそく $y=2(x-1)^2+2$ のグラフを書こう。

このグラフは，$y=2x^2$ のグラフを x 軸方向に1，y 軸方向に2だけ平行移動すると書けるのはわかるかな？

なぜなら，$y=2(x-1)^2$ のグラフは，$y=2x^2$ のグラフを x 軸方向に1だけ平行移動したものだったね。さらに，これに2を加えたものが，$y=2(x-1)^2+2$ なので，$y=2(x-1)^2$ のグラフを y 軸方向に2だけ平行移動すればいいね。

一応，下に値の表も書いておくね。

x	-2	-1	0	1	2	3	4
$2(x-1)^2$	18	8	2	0	2	8	18
$2(x-1)^2+2$	20	10	4	2	4	10	20

以上のことから，グラフは，次のようにして書けばいいね。

まず，グラフの**頂点の座標は，(1，2)** だね。

「えっ頂点って何？」うん…，

放物線のグラフの ⌣⌣ の部分のことだよ。

したがって，はじめに軸 ($x=1$) をとり，頂点 (1，2) を座標に記入する。あとは，今までと同じようにグラフを書いてやればいいね。その際，x 軸，y 軸との交点の座標は記入するようにしよう。

よって，$y=2(x-1)^2+2$ のグラフは，右のようになるんだよ。

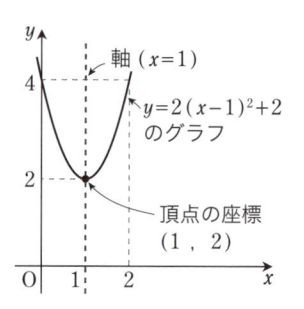

5. $y=a(x-p)^2+q$ のグラフ

少し練習してみよう。

> **練習10** 次の関数のグラフを書きなさい。
> ① $y=(x-2)^2-1$　　② $y=-2(x+1)^2+3$

── 解説 ──

① $y=x^2$ のグラフを x 軸方向に2, y 軸方向に-1だけ平行移動してやればいいね。

　　頂点の座標:$(2, -1)$, 軸の方程式:$x=2$, y 軸との交点の座標:$(0, 3)$ ← $y=(x-2)^2-1$で$x=0$を代入すればいいね。

x 軸との交点は，

$y=(x-2)^2-1$
$(x-2)^2-1=0$　　：$y=0$を代入して
$x^2-4x+3=0$　　：整理して
$(x-1)(x-3)=0$

この2次方程式の解は，$x=1, 3$ より **x 軸との交点:$(1, 0), (3, 0)$**

② $y=-2x^2$ のグラフを x 軸方向に-1, y 軸方向に3だけ平行移動すればいいね。

　　頂点の座標:$(-1, 3)$, 軸の方程式:$x=-1$, y 軸との交点:$(0, 1)$

x 軸との交点は，$-2(x+1)^2+3=0$ を解いて求めよう。

$-2(x^2+2x+1)+3=0$
$-2x^2-4x-2+3=0$
$-2x^2-4x+1=0$

この両辺に-1をかけて

$2x^2+4x-1=0$

$x=\dfrac{-2\pm\sqrt{2^2-2\times(-1)}}{2}$

$x=\dfrac{-2\pm\sqrt{6}}{2}$ …(1)

$\sqrt{6}$ はおよそ2.4なので(1)に代入して，

x の値はおよそ $\dfrac{-2\pm 2.4}{2}$

すなわち $x=0.2, -2.2$ よって，**x 軸との交点は，およそ$(0.2, 0), (-2.2, 0)$**

グラフを書くときの目安にしよう。

したがって，①②のグラフは次のページのようになるよ。

―― 解答 ――

① $y=(x-2)^2-1$ のグラフ　　② $y=-2(x+1)^2+3$ のグラフ

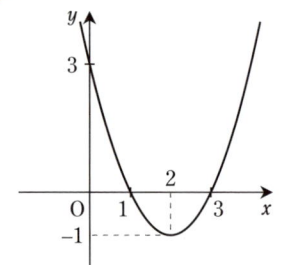

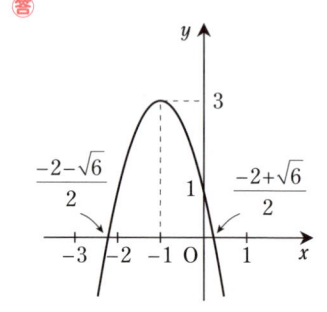

以上のことから,

- $y=a(x-p)^2+q$ のグラフは, $y=ax^2$ のグラフを x 軸方向に p, y 軸方向に q だけ平行移動したグラフ
- 軸の方程式は, $x=p$
- 頂点の座標は, (p, q)

放物線の頂点とは, 放物線と軸の直線との交点のこと（P48 参照）なので覚えておこう。これまでやった関数の例をとると,

　　$y=2x^2$ の頂点の座標は, $(0, 0)$
　　$y=2x^2+1$ の頂点の座標は, $(0, 1)$
　　$y=-2x^2-1$ の頂点の座標は, $(0, -1)$
　　$y=2(x-1)^2$ の頂点の座標は, $(1, 0)$
　　$y=-2(x+1)^2+3$ の頂点の座標は, $(-1, 3)$

となる。

5. $y=a(x-p)^2+q$ のグラフ

◆ $y=ax^2+bx+c(a\neq 0)$ のグラフ

「$y=-2x^2-8x-3$ のグラフを書け」と言われたらどうする？中学校までは，「値の表を書いて点をとり，線で結べ」と習ったかもしれないけど，この場合は時間がかかって大変だね。

そこで，

$$y=-2x^2-8x-3 \text{ を } y=a(x-p)^2+q \text{ の形に変形する}$$

といいぞ。実際に変形するね！

$$y=-2x^2-8x-3$$
　　x^2 の係数 -2 でくくる。
$$=-2(x^2+4x)\ \underline{-3}$$
　　　　　　　　　-3 を少し離した。あまり意味はないけど…
$$=-2(x^2+4x\underline{+4-4})-3$$
　　　　　　4 を加えることで，$(x+2)^2$ ができる。
　　　　　　しかし，4 を引いてやらないと等号が成立しないね。
　　　　　　すなわち，x の係数 4 の半分 2 の 2 乗 (4) を加えて引く。
　　　　　　これで差し引き 0 になるね。
$$=-2\{(x+2)^2-4\}-3$$
　　　　　あとは，$\{\ \}$ をはずして計算するだけ。
$$=-2(x+2)^2+8-3$$
$$=-2(x+2)^2+5$$

以上のことから，
$$-2x^2-8x-3=-2(x+2)^2+5$$
と変形できたよ。

だから，「$y=-2x^2-8x-3$ のグラフを書け」と言われたら，式を変形して，$y=-2(x+2)^2+5$ のグラフを書いたらいいんだね。

この変形は，とても大切な変形なので，何回も練習してほしい。

ちなみに，軸の方程式は $x=-2$，頂点の座標は，$(-2,\ 5)$ となるね。

第2章 2次関数

> **練習11** 次の関数のグラフの頂点の座標を求め，グラフも書きなさい。ただし x 軸，y 軸との交点も示すこと。
> ① $y=x^2-2x-1$ ② $y=-x^2+5x+4$

――解説――

① $y=x^2-2x-1$
$=x^2-2x+1-1-1$
$=(x-1)^2-2$

② $y=-x^2+5x+4$
$=-(x^2-5x)+4$
$=-\left\{x^2-5x+\left(\dfrac{5}{2}\right)^2-\left(\dfrac{5}{2}\right)^2\right\}+4$

x の係数は-5。その絶対値の半分 $\dfrac{5}{2}$ の2乗を加えて引く。

$=-\left\{\left(x-\dfrac{5}{2}\right)^2-\dfrac{25}{4}\right\}+4$

$=-\left(x-\dfrac{5}{2}\right)^2+\dfrac{25}{4}+4$

$=-\left(x-\dfrac{5}{2}\right)^2+\dfrac{41}{4}$

ちょっと計算が大変だったけど，これで①，②のグラフの頂点の座標がわかったね。

①の頂点の座標 $(1,\ -2)$

②の頂点の座標 $\left(\dfrac{5}{2},\ \dfrac{41}{4}\right)$

次に x 軸，y 軸との交点の座標を求めてみよう。

5. $y=a(x-p)^2+q$ のグラフ

① $y=f(x)=x^2-2x-1$
- y 軸との交点の座標は, $f(0)=0^2-2\cdot 0-1=-1$ なので,
  $(0, -1)$
- x 軸との交点の座標は, $x^2-2x-1=0$ より, これを解くと
  $x=1\pm\sqrt{(-1)^2-1\times(-1)}=1\pm\sqrt{2}$ なので,
  $(1+\sqrt{2}, 0)$, $(1-\sqrt{2}, 0)$

② $y=f(x)=-x^2+5x+4$
- y 軸との交点の座標は, $f(0)=-0^2+5\cdot 0+4=4$ なので,
  $(0, 4)$
- x 軸との交点の座標は, $-x^2+5x+4=0$ より, $x^2-5x-4=0$
  これを解いて,
  $$x=\frac{-(-5)\pm\sqrt{(-5)^2-4\times 1\times(-4)}}{2\times 1}$$
  $$=\frac{5\pm\sqrt{41}}{2}$$
  $\left(\dfrac{5-\sqrt{41}}{2}, 0\right)$, $\left(\dfrac{5+\sqrt{41}}{2}, 0\right)$

よって, グラフは次のようになるよ.

――― 解答 ―――

① $y=x^2-2x-1$ のグラフ

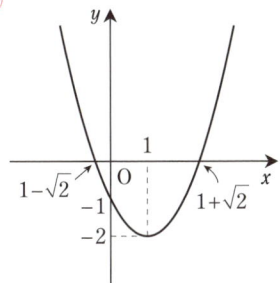

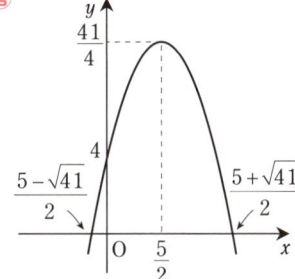

② $y=-x^2+5x+4$ のグラフ

第 2 章　2 次関数

6　2 次関数の最大値と最小値

◆最大値・最小値に関する問題

　x の変域のことを定義域，y の変域のことを値域という。

　$y=x^2$ で定義域が $-2 \leq x \leq 4$ のときの値域を求めてみよう。

　グラフを書くと左下のようになり，値域は $0 \leq y \leq 16$ となるね。

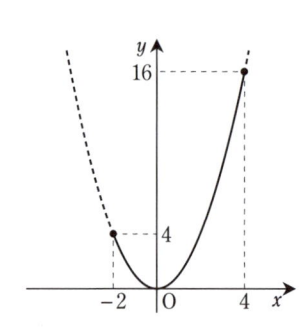

したがって，$y=x^2$ は，

$x=0$ のとき，最小値 $y=0^2=0$ をとり，

$x=4$ のとき，最大値 $y=4^2=16$ をとるね。

　$y=x^2$ で定義域が $-2 \leq x < 4$ のときの値域を求めてみよう。

　値域は，$0 \leq y < 16$ となるね。

　次に，このときの，最大値と最小値を求めてみよう。この場合，

　　$x=0$ のとき最小値 $y=0$ をとるが，「最大値はない」

ということになる。なぜなら，最大値を特定することができないね。15.9 でもないし 15.9999 でもないね。16 より小さい数ということはわかるけど…。

　練習を 2 つやろう。

> **練習12**　次の関数で，y の変域を求め，最大値，最小値があればそれを求めなさい。
> 　① $y=-x^2+4x \ (1 < x \leq 4)$
> 　② $y=2x^2+8x+3 \ (-2 \leq x \leq 0)$
>
> 　　　　　　　　　　　　解説・解答は次のページ

6．2次関数の最大値と最小値

――― 解答・解説 ―――

① $y=-x^2+4x$
   $=-(x^2-4x)$
   $=-(x^2-4x+4-4)$
   $=-(x-2)^2+4$

これは，頂点 $(2, 4)$ のグラフになるね。よって，グラフは右のようになる。

定義域が，$1<x\leq4$ なので
値域は，$0\leq y\leq4$ 【答】

よって，最大値4，最小値0

② $y=2x^2+8x+3$
   $=2(x^2+4x)+3$
   $=2(x^2+4x+4-4)+3$
   $=2(x+2)^2-8+3$
   $=2(x+2)^2-5$

これは，頂点 $(-2, -5)$ のグラフになるね。よって，グラフは右のようになる。

定義域が，$-2\leq x\leq0$ なので
値域は，$-5\leq y\leq3$ 【答】

よって，最大値3，最小値-5

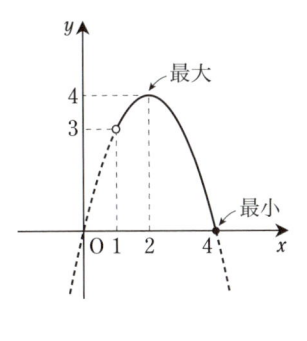

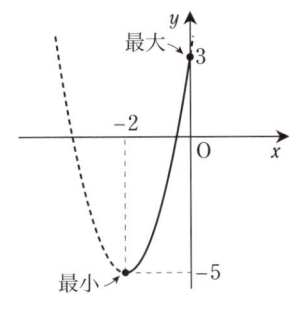

2次関数の最大値・最小値の求め方もわかったね。グラフを書いて，まず，y の変域を求めるんだね。その後，最大値・最小値を求めればいいんだ。大切なことは，グラフをきちんと書くことなんだね。

7　2次関数の決定

中学校で1次関数や2乗に比例する関数の決定などをやったけど，今回は2次関数を決定する学習に入るね。ここでは，

> 2次関数の一般形：$y=ax^2+bx+c$
> 2次関数の標準形：$y=a(x-p)^2+q$

の使い分けがポイントになる。問題に入るね。数学検定では，主に次の4つの場合がよく出題されるよ。

> 【1】3点が与えられた場合
> 【2】軸の方程式と2点が与えられた場合
> 【3】頂点と1点が与えられた場合
> 【4】$y=a$ や $x=b$ に関して対称な2次関数

> 中学校では，1次関数の決定というのをやったね。$y=ax+b$ で，傾きと1点，または，2点が与えられたとき，1次関数が決定したんだね。

> 2次関数の決定は，数学Ⅰ・Aではとても大切な内容なのでしっかり理解してほしい。

7. 2次関数の決定

【1】3点が与えられた場合

問題1 グラフが3点 $(-1, 2)$, $(2, 11)$, $(3, 18)$ を通る2次関数の式を求めなさい。

───── 解答・解説 ─────

求める2次関数を
$$y = ax^2 + bx + c \cdots ①$$
とおく（未知数は，a, b, c の3つだね）。

①が，3点 $(-1, 2)$, $(2, 11)$, $(3, 18)$ を通るので，
$$\begin{cases} 2 = a \times (-1)^2 + b \times (-1) + c \\ 11 = a \times 2^2 + b \times 2 + c \\ 18 = a \times 3^2 + b \times 3 + c \end{cases}$$

以上を整理して
$$\begin{cases} a - b + c = 2 & \cdots ② \\ 4a + 2b + c = 11 & \cdots ③ \\ 9a + 3b + c = 18 & \cdots ④ \end{cases}$$

③-②より，$3a + 3b = 9$
この両辺を3で割って，
$$a + b = 3 \quad \cdots ⑤$$
④-③より，$5a + b = 7 \quad \cdots ⑥$
⑥-⑤より，$4a = 4$　これより
$$a = 1 \quad \cdots ⑦$$
⑦を，⑤に代入して，$1 + b = 3$　これより
$$b = 2 \quad \cdots ⑧$$
⑦，⑧を②に代入して，$1 - 2 + c = 2$　これより
$$c = 3 \quad \cdots ⑨$$
よって求める2次関数は，⑦，⑧，⑨を①に代入して，
$$y = x^2 + 2x + 3 \quad \text{【答】}$$

※3元1次連立方程式も，2元連立方程式と同様に，文字を消去することで，解くことができる。

この場合，はじめに c を消去して，2元連立方程式に持ち込む。

【2】軸の方程式と2点が与えられた場合

> **問題2** グラフの軸の方程式が $x=2$ で，2点 $(1, -3)$，$(-1, 13)$ を通る2次関数を求めなさい。

---解答・解説---

軸の方程式が，$x=2$ なので，求める2次関数の式を
$$y=a(x-2)^2+q \quad \cdots\cdots\cdots ①$$
とおくよ（こうすると，未知数は a と q の2つ）。

①が点 $(1, -3)$，$(-1, 13)$ を通るので，①に代入して
$$\begin{cases} a \times (1-2)^2+q=-3 \\ a \times (-1-2)^2+q=13 \end{cases}$$

これを整理して，
$$\begin{cases} a+q=-3 \cdots\cdots\cdots ② \\ 9a+q=13 \cdots\cdots\cdots ③ \end{cases}$$

※これで a, q に関する連立方程式ができたね。

③−②より，$8a=16$　これより
$$a=2$$

これを②に代入して，$2+q=-3$　これより
$$q=-5$$

$a=2$，$q=-5$ を①に代入して
$$y=2(x-2)^2-5$$

これを展開して整理すると
$$y=2x^2-8x+3 \:\text{答}$$

> 軸の方程式がついただけね。

> $y=a(x-p)^2+q$ で p の値があらかじめわかっていたんだね。

7．2次関数の決定

【3】頂点と1点が与えられた場合

> **問題3** グラフの頂点の座標が $(1, 2)$ で，点 $(-1, 6)$ を通る2次関数を求めなさい。

――― 解答・解説 ―――

頂点の座標が $(1, 2)$ なので，求める2次関数の式を
$$y = a(x-1)^2 + 2 \quad \cdots\cdots ①$$
とおくよ（こうすると，未知数は a だけ）。

①が点 $(-1, 6)$ を通るので，①に $x=-1$，$y=6$ を代入して整理すると，
$$6 = a \times (-1-1)^2 + 2$$
これを整理して，$4a + 2 = 6$　これより
$$a = 1$$
これを，①に代入して
$$y = (x-1)^2 + 2$$
これを展開して整理すると
$$y = x^2 - 2x + 3 \; 答$$

「軸の方程式と2点」，「頂点と1点」が与えられた場合には，求める2次関数を，$y = a(x-p)^2 + q$ とおいて求めることを覚えておこう。

> **練習13** グラフが x 軸と点 $(2, 0)$ で接し，点 $(4, 4)$ を通る2次関数の式を求めなさい。

――― 解答・解説 ―――

x 軸と点 $(2, 0)$ で接するので頂点の座標が点 $(2, 0)$ で，点 $(4, 4)$ を通る2次関数の式を求めればいいね。よって，求める2次関数の式を
$$y = a(x-2)^2 + 0 \quad \cdots\cdots ① とおくよ。$$
①が点 $(4, 4)$ を通るので，①に代入すると
$$4 = a \times (4-2)^2 \quad これより a = 1$$
よって求める2次関数の式は，$y = 1(x-2)^2$
すなわち，$y = x^2 - 4x + 4 \; 答$

第2章 2次関数

【4】 $y=a$ や $x=b$ に関して対称な2次関数

問題4 2次関数 $y=-2x^2-8x-3$ のグラフを $y=-1$ に関して対称移動したグラフの式を求めなさい。

─── 解答・解説 ───

$$\begin{aligned} y &= -2x^2-8x-3 \\ &= -2(x^2+4x)-3 \\ &= -2(x^2+4x+4-4)-3 \\ &= -2(x+2)^2+8-3 \\ &= -2(x+2)^2+5 \end{aligned}$$

：この変形はとても大切だったね！

よって，$y=-2x^2-8x-3$ のグラフは，頂点が $(-2, 5)$ の放物線で，グラフは下図の点線のようになるね。

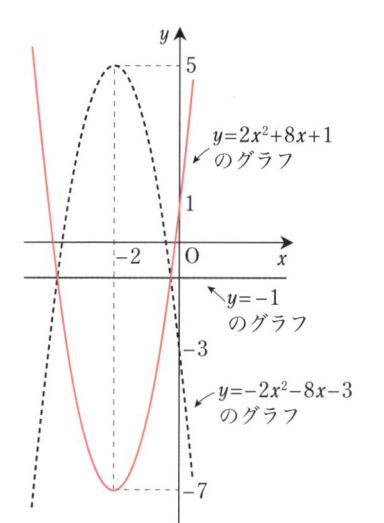

これを $y=-1$ に関して対称移動すると左図のように頂点の $(-2, 5)$ は，$(-2, -7)$ に移るし，

$$y=a(x-p)^2+q \quad \cdots\cdots ①$$

で，a の値は，-2 が 2 に変わるので求めるグラフの式は，

$$\begin{aligned} y &= 2\{(x-(-2)\}^2-7 \\ &= 2(x+2)^2-7 \end{aligned}$$

これを展開して整理すると，

$$\begin{aligned} y &= 2(x^2+4x+4)-7 \\ &= 2x^2+8x+8-7 \\ &= 2x^2+8x+1 \; \text{答} \end{aligned}$$

となる。

ちなみに，グラフは，左図の赤線の部分になる。こういう問題は，実際にグラフを書いてみることが大切なんだね。

前ページの問題で、頂点 $(-2, 5)$ を $y=-1$ に関して対称移動するとなぜ、$(-2, -7)$ に移るかというと、5と−7の中点が−1ということから導くことができるよ。中点の座標は、足して2で割ることから導くことができたね。

よって、頂点 $(-2, 5)$ を $y=-1$ に関して対称移動した点の座標を $(-2, y)$ とおくと、

$(5+y)\div2=-1$

となることから、$y=-7$ を導くことができるね。

また、x 座標はそのままなので求める頂点の座標は、$(-2, -7)$ と求めることができたんだね。

問題5 2次関数 $y=-2x^2-8x-3$ のグラフを $x=-1$ に関して対称移動したグラフの式を求めなさい。

―― 解答・解説 ――

$y=-2x^2-8x-3$
$=-2(x+2)^2+5$

よって、$y=-2x^2-8x-3$ のグラフは、頂点が $(-2, 5)$ の放物線で、グラフは下図の点線のようになるよ。ここまでは前問と同じ！

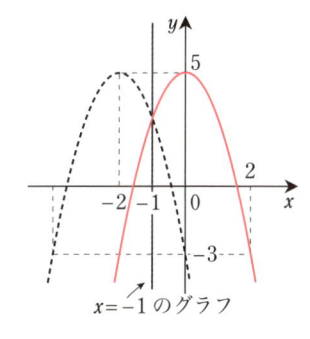

今回は、$x=-1$ に関して対称移動すると左図のように頂点の $(-2, 5)$ は、$(0, 5)$ に移る。

また、

$y=a(x-p)^2+q$

で a の値はそのままなので、求めるグラフの式は、

$y=-2(x-0)^2+5$

これを展開して整理すると、

$y=-2x^2+5$ **答**

ちなみに、グラフは図の赤線部分になるね。

2次関数のグラフや2次関数の決定、それに最大値・最小値についても理解できたところで、いくつか練習問題をやっておこう。

第2章 2次関数

問題6 $x+y=1$ のとき，x^2+y^2 の最小値およびそのときの x と y の値を求めなさい。

――― 解答・解説 ―――

$$f(x)=x^2+y^2 \quad \cdots\cdots① $$

とおく。

$x+y=1$ より，

$$y=-x+1 \quad \cdots\cdots②$$

②を①に代入して，

$$\begin{aligned}
f(x)&=x^2+(-x+1)^2\\
&=x^2+x^2-2x+1\\
&=2x^2-2x+1\\
&=2(x^2-x)+1\\
&=2\left(x^2-x+\frac{1}{4}-\frac{1}{4}\right)+1\\
&=2\left(x-\frac{1}{2}\right)^2-\frac{1}{2}+1\\
&=2\left(x-\frac{1}{2}\right)^2+\frac{1}{2}
\end{aligned}$$

※これまで，
$$y=(x の2次式)$$
の形が多かったけど，左の式は y が $f(x)$ に変わっただけだね。

①②で y を消去することにより，$f(x)$ は x だけの関数になった。

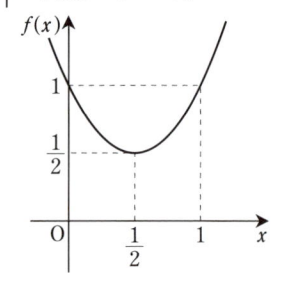

よって，$f(x)$ すなわち，x^2+y^2 は，

答 $x=\dfrac{1}{2}$，$y=\dfrac{1}{2}$（$x=\dfrac{1}{2}$ を②に代入して求めた）のとき，

最小値 $\dfrac{1}{2}$

をとるね。

最大値・最小値に関する問題は，$y=a(x-p)^2+q$ の形に持ち込んで，a の値の正負によって，最大値・最小値を判断すればいいんだね。

これは重要なことだから，しっかり覚えておくこと。

7. 2次関数の決定

問題7 直角をはさむ2辺の長さの和が6である直角三角形で，斜辺の長さが最小となるときの3辺の長さを求めなさい。

―解答・解説―

直角三角形の斜辺をy，他の1辺をxとすると，直角三角形の3辺は，y，x，$6-x$となるね。

ただし，$0<x<6$ だね。

三平方の定理より，

$$\begin{aligned}y^2&=x^2+(6-x)^2\\&=x^2+36-12x+x^2\\&=2x^2-12x+36\\&=2(x^2-6x)+36\\&=2(x^2-6x+9-9)+36\\&=2(x-3)^2-18+36\\&=2(x-3)^2+18\end{aligned}$$

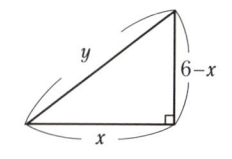

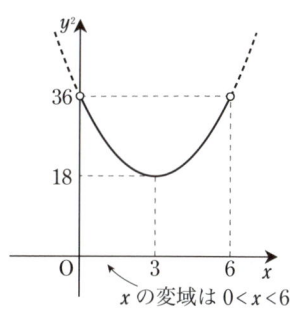

$y^2=2(x-3)^2+18$ のグラフ

xの変域は $0<x<6$

よって，y^2 は $x=3$ で最小値18をとるね。

これより，y（斜辺のことだったね）は，$y^2=18$ で，$y>0$ より $y=\sqrt{18}=3\sqrt{2}$ となる。

また，$x=3$ より，斜辺以外のもう1つの辺は，$6-3=3$ となる。

以上より，求める3辺の長さは，3，3，$3\sqrt{2}$ **答** である。

図形的な問題が出題されても，2次関数の式に持ち込んで，グラフを書いて，x の変域に注意しながら，落ち着いて対処すればいいんだね。

最後に場合分けと呼ばれる問題を1つやっておこう。

> **問題 8** 定義域を $1 \leq x \leq 3$ としたとき
> 関数：$y=f(x)=2(x-a)^2+1$ の最小値を求めなさい。

━━ 解答・解説 ━━

関数：$y=f(x)=2(x-a)^2+1 \cdots$ ① とおく。

例えば，$a=1$ のときの①は，関数：$y=2(x-1)^2+1$ となるので，点 $(1,1)$ を頂点として上に開いた形の放物線になるね。したがって，このグラフを書いて $1 \leq x \leq 3$ の範囲で，最小値を求めればよかったわけだね。ところが今回，定数 a はいろいろな値をとるため放物線の軸 ($x=a$) が動くんだね。

そこで定数 a を次の3つに場合分けして，最小値を求めればいいよ。それぞれの場合のグラフも書いておくね。

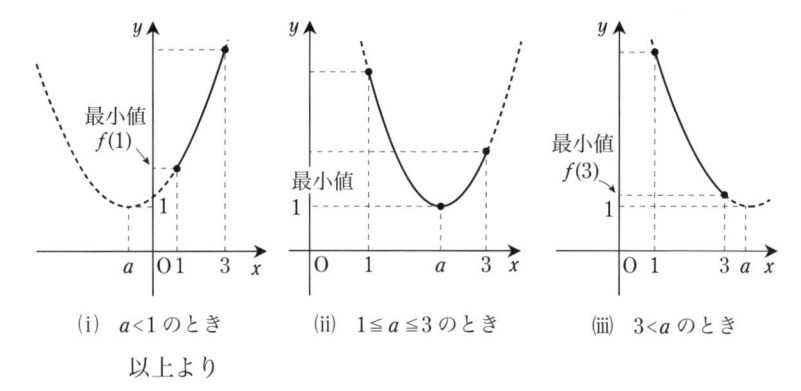

(i) $a<1$ のとき　　(ii) $1 \leq a \leq 3$ のとき　　(iii) $3<a$ のとき

以上より

(i) $a<1$ のとき①は，
$x=1$ のとき最小値 $f(1)=2(1-a)^2+1=2a^2-4a+3$

(ii) $1 \leq a \leq 3$ のとき①は，
$x=a$ のとき最小値 $f(a)=2(a-a)^2+1=1$

(iii) $3<a$ のとき①は，
$x=3$ のとき最小値 $f(3)=2(3-a)^2+1=2a^2-12a+19$

第3章

不等式

1. 不等式の性質と1次不等式
2. 2次不等式
3. 2次方程式と判別式

第3章　不等式

1　不等式の性質と1次不等式

◆不等式の性質

　これから不等式について学んでいくよ。その前に等式の性質から復習しておこう。等式の性質は，次の4つがあったね。確認しておこう。

> $A=B$ ならば
> 　$A+C=B+C$　　（両辺に同じ数を加える）
> 　$A-C=B-C$　　（両辺から同じ数を引く）
> 　$AC=BC$　　　　（両辺に同じ数をかける）
> 　$\dfrac{A}{C}=\dfrac{B}{C}$　　　　（両辺を同じ数で割る）

次に，不等式の性質は次の通りだね。

> $A<B$ ならば
> 　$A+C<B+C$
> 　$A-C<B-C$
> 　(i) $C>0$ のとき　　(ii) $C<0$ のとき
> 　　$AC<BC$　　　　　　$AC>BC$
> 　　$\dfrac{A}{C}<\dfrac{B}{C}$　　　　　　$\dfrac{A}{C}>\dfrac{B}{C}$

　$A<B$ のとき両辺に同じ数を加えても，同じ数を引いても不等号の向きは変わらないね。また，両辺に同じ正の数をかけても，同じ正の数で割っても不等号の向きは変わらないよ。ところが，

> 両辺に同じ負の数をかけたり，同じ負の数で割ったりすると不等号の向きが変わる。

ので注意が必要だよ。

1．不等式の性質と1次不等式

具体的な例で確かめてみよう。

※例えば，−4<6 のとき

　　　両辺に 2 を加えると　　−4+2<6+2 → −2<8
　　　両辺から 2 を引くと　　−4−2<6−2 → −6<4
　　　両辺に 2 をかけると　　−4×2<6×2 → −8<12
　　　両辺を 2 で割ると　　　−4÷2<6÷2 → −2<3

ここまでは，不等号の向きはそのままだね。次に，

　　　両辺に−2をかけると　　−4×(−2)>6×(−2) → 8>−12
　　　両辺を−2で割ると　　　−4÷(−2)>6÷(−2) → 2>−3

となって不等号の向きが反対になるね。

まとめておくよ。

> −4<6 のとき
> ・両辺に 2 をかける　　−8<12（不等号の向きはそのまま）
> ・両辺を 2 で割る　　　−2<3　（不等号の向きはそのまま）
> ・両辺に−2をかける　　8>−12（不等号の向きは逆）
> ・両辺を−2で割る　　　2>−3　（不等号の向きは逆）

このほか自分で適当な例を作って確かめてごらん。

これから不等式を解いていくけど，両辺に負の数をかけたり，負の数で割ったりしたときのみ不等号の向きが変わることに注意すればいいわけだね。

> 不等式の性質は，両辺に負の数をかけたり，負の数で割ったりしたときだけ不等号の向きが反対になるのよ。

第 3 章　不等式

◆ 1 次不等式

　1 次方程式:「$2x+3=5$」を解けと言われたら，この等式を成り立たせる x の値を求めればよかったので，$x=1$ と答えればよかったけど，1 次不等式:「$2x+3<5$」を解けと言われたら，この不等式を成り立たせる x の値の範囲を求めなさいということなんだね。つまり，「ある数 x を 2 倍して 3 を加えた値が 5 より小さくなるような x の値の範囲を求めなさい」ということなんだ。

　具体的に，そういう x の値を求めてみると，x が 1 より小さい数ならば，この不等式の解になることはわかるね。

　そこで，この不等式「$2x+3<5$」は，方程式とほとんど同じで，次のようにして解くよ。

　　　　$2x+3<5$　　　　：3 を移項して
　　　　$2x<2$　　　　　：両辺を 2 (>0) で割って
　　　　$x<1$　　　　　　（正の数で割るので不等号の向きはそのまま）

　次に，不等式「$-2x+3<5$」を解こう。

　　　　$-2x+3<5$　　　：3 を移項して
　　　　$-2x<2$　　　　：両辺を -2 (<0) で割って
　　　　$x>-1$　　　　　（負の数で割るので不等号の向きは反対）

　つまり，1 次不等式を解くときには，1 次方程式と同じように移項して，$ax<b$（または，$ax>b$）の形にして，最後に両辺を a で割るときに，a が負の数のときのみ向きを反対にしてやればいいんだ。

練習 1　次の 1 次不等式を解きなさい。
　① $3x-2 \geq x-4$　　　　② $3x-2 \geq 5x-8$

――― 解答・解説 ―――

① $2x \geq -2$
　　$x \geq -1$ 答

② $-2x \geq -6$
　　$x \leq 3$ 答

1. 不等式の性質と1次不等式

◆連立1次不等式

次の連立不等式を解いてみよう。

> **練習2** 次の連立不等式を解きなさい。
> $$\begin{cases} 2x+3 \leqq x+5 & \cdots\cdots\text{①} \\ -x+2 < 2x+8 & \cdots\cdots\text{②} \end{cases}$$

── 解答・解説 ──

これは，①②の不等式を同時に満たす x の値の範囲を求めるといい。

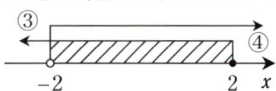

①より $x \leqq 2$ ………③

②より $x > -2$ ………④

そして，③④を満たす x の値を数直線上に表すと図のようになる。
したがって，この連立不等式の解は，図の斜線部分となるんだ。
すなわち，$-2 < x \leqq 2$ 答 がこの連立不等式の解になる。

もう1つ連立不等式を解いてみよう。

> **練習3** 連立不等式：$2x+1 < -x+1 < x+5$ を解きなさい。

── 解答・解説 ──

これは，連立不等式 $\begin{cases} 2x+1 < -x+1 & \cdots\cdots\text{①} \\ -x+1 < x+5 & \cdots\cdots\text{②} \end{cases}$ を解けばいい。

なぜなら，与えられた不等式は，
「$2x+1 < -x+1$ かつ $-x+1 < x+5$」であることを意味しているからね。
「かつ」は「であると同時に」という意味だよ！

①を解くと $x < 0$，②を解くと $x > -2$

よって，求める解は図の斜線部分：$-2 < x < 0$ 答 となるね。

> **練習4** 連立不等式：$2x+3 < -x+5 \leqq 2x+7$ を解きなさい。

── 解答・解説 ──

$-\dfrac{2}{3} \leqq x < \dfrac{2}{3}$ 答　これを数直線で表すと

2　2次不等式

◆2次不等式

2次方程式 $x^2-x-6=0$ は，次のように，因数分解を利用して解いたよね。

$$(x-3)(x+2)=0 \quad \rightarrow \quad x=3, \ -2$$

実は，これって連立方程式

$$\begin{cases} y=x^2-x-6 \ \cdots\cdots\cdots ① \\ y=0 \ \cdots\cdots\cdots\cdots\cdots ② \end{cases}$$

の解の x の値だね。復習になるけど，連立方程式の解というのは，グラフの交点の座標だったよね。

では，$y=x^2-x-6\cdots①$ と $y=0\cdots②$ の2つのグラフを書くよ。

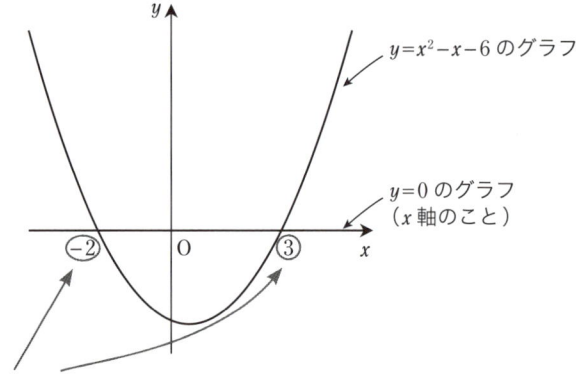

この -2 と 3 が，$x^2-x-6=0$ の解だったわけ。2次方程式の解を具体的に見ることができたね。

したがって，$y=x^2-x-6$ のグラフは，$y=a(x-p)^2+q$ の形に変形する必要はないよ。x 軸との交点が，-2 と 3 だとわかっているからね。x 座標が，-2 と 3 を通るように放物線を書いてやればいいんだ。理解できたかな？

それでは，実際に2次不等式の問題を2問解いてみよう。

2．2次不等式

練習 5 2次不等式 $x^2-x-6 \geq 0$ を解きなさい。

――― 解答・解説 ―――

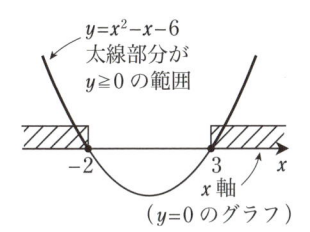

2次方程式 $x^2-x-6=0$ の解は，$x=-2, 3$ なので，左図のように，$y=x^2-x-6$ のグラフは，x 軸上の点：$-2, 3$ と交わる。

求める範囲は，グラフで，x 軸（$y=0$）および，x 軸の上側に対応する x の範囲なので $x \leq -2, 3 \leq x$ 答 となるね。

($y=x^2-x-6$ 太線部分が $y \geq 0$ の範囲、x 軸 ($y=0$ のグラフ))

練習 6 2次不等式 $x^2-x-6 \leq 0$ を解きなさい。

――― 解答・解説 ―――

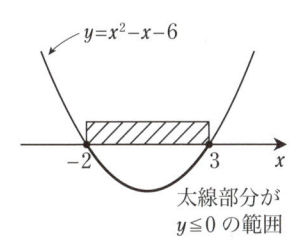

2次方程式 $x^2-x-6=0$ の解は，$x=-2, 3$ なので，左図のように，$y=x^2-x-6$ のグラフは，x 軸上の点：$-2, 3$ と交わる。

求める範囲はグラフで，x 軸（$y=0$）および，x 軸の下側に対応する x の範囲なので $-2 \leq x \leq 3$ 答 となるね。

($y=x^2-x-6$ 太線部分が $y \leq 0$ の範囲)

> 2次不等式の解き方にも慣れてきたかな？大丈夫だね。
> 2次関数のグラフと x 軸との交点を求めて，範囲を求めればいいんだね。

第3章 不等式

2次不等式の練習問題をやっておこう。

練習7 次の2次不等式を解きなさい。
① $(x-2)(x-5)>0$
② $x(x-3)\leqq 0$
③ $x^2-7x+12\leqq 0$
④ $-3x^2+4x>-4$
⑤ $2x^2-4x+1\geqq 0$

解答・解説

① 下図より **答** $x<2,\ 5<x$

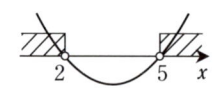

② 下図より **答** $0\leqq x\leqq 3$

③ $x^2-7x+12\leqq 0$
$(x-3)(x-4)\leqq 0$
よって，下図より
答 $3\leqq x\leqq 4$

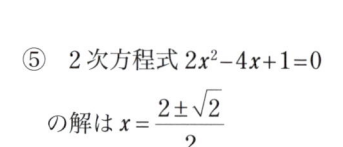

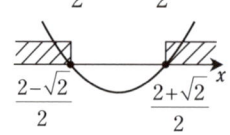

④ $-3x^2+4x>-4$
$-3x^2+4x+4>0$
この両辺に -1 をかけて
$3x^2-4x-4<0$
$(x-2)(3x+2)<0$
よって，下図より
答 $-\dfrac{2}{3}<x<2$

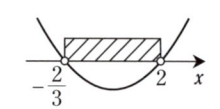

⑤ 2次方程式 $2x^2-4x+1=0$
の解は $x=\dfrac{2\pm\sqrt{2}}{2}$
よって，下図より
答 $x\leqq\dfrac{2-\sqrt{2}}{2},\ \dfrac{2+\sqrt{2}}{2}\leqq x$

2. 2次不等式

◆連立2次不等式

練習8 次の連立2次不等式を解きなさい。

$$\begin{cases} x^2-5x-6 \leqq 0 \\ x^2-3x+2 > 0 \end{cases}$$

―― 解答・解説 ――

$x^2-5x-6 \leqq 0$ ………①

$x^2-3x+2 > 0$ ………②

①②の不等式を同時に満たす x の値の範囲を求めればいいわけだね。

2次不等式①を解く。

$x^2-5x-6 \leqq 0$

$(x-6)(x+1) \leqq 0$

$-1 \leqq x \leqq 6$ …………③

2次不等式②を解く。

$x^2-3x+2 > 0$ ………②

$(x-1)(x-2) > 0$

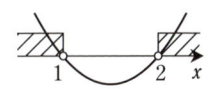

$x<1,\ 2<x$ …………④

③④を同時に成り立たせる x の値の範囲は、

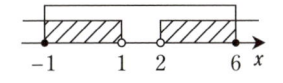

上図より、求める x の範囲は、**答** $-1 \leqq x < 1,\ 2 < x \leqq 6$

連立の不等式も大丈夫だね。

第3章 不等式

不等式に関する文章問題も解いておこう。

> **問題1** 300円のバッグと，1個30円のミカンを何個か買い，代金の合計を1,000円以内にしたい。ミカンは何個まで買うことができるか答えなさい。

──**解答・解説**──

1個30円のミカンの個数をxとすると，代金は1,000円以内なので

$30x + 300 \leq 1{,}000$

$30x \leq 700$

$x \leq \dfrac{700}{30}$

$x \leq 23.333\cdots$

23.333…以下で最大の整数は、23だね。

よって，ミカンは23個㊙まで買うことができるね。

> **問題2** 和が10である大小2つの数がある。小さい数を3倍すると大きい数よりも大きくなるとき，小さい数の範囲を求めなさい。

──**解答・解説**──

小さい数をxとすると，大きい数は$10-x$。

よって

$$\underbrace{x}_{\text{小さい数}} < \underbrace{10-x}_{\text{大きい数}} < \underbrace{3x}_{\text{小さい数の3倍}}$$

$x < 10-x$ より，$x < 5$ ………①

$10-x < 3x$ より，$x > \dfrac{5}{2}$ ……②

①②を同時に成り立たせるxの範囲は，

$\dfrac{5}{2} < x < 5$ ㊙

2．2次不等式

問題3 周りの長さが20cmの長方形で，面積を16cm²以下にするためには，短い方の辺の長さをどのような範囲にすればよいか答えなさい。

―― 解答・解説 ――

長方形の短い方の辺の長さをxとすると長い方の辺の長さは，$10-x$。

ここで，$x>0$ および $x<10-x$ より
　　　　短い辺　　長い辺

$0<x<5$ ……………① 　　①のxの範囲

この長方形の面積が16以下なので，

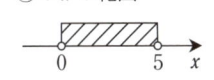

$x(10-x) \leq 16$

$-x^2+10x-16 \leq 0$ 　　：この両辺を-1倍して

$x^2-10x+16 \geq 0$

$(x-2)(x-8) \geq 0$

よって，この不等式の解は，　　②のxの範囲

$x \leq 2, \ 8 \leq x$ …………②

①②より求めるxの範囲は，

$0<x \leq 2$

よって，短い方の辺の長さを2cm以下にすればよい。 **答**

①②の範囲を同時に示した図を下に書いておくね。

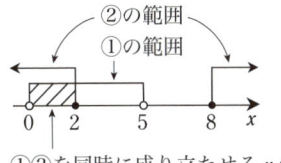

　　　②の範囲
　　①の範囲

①②を同時に成り立たせるxの範囲

2次不等式の文章問題も解けるようになったね。

第3章　不等式

3　2次方程式と判別式

◆2次方程式の解とグラフ

　最後に，2次関数のグラフと2次方程式の解の関係をまとめておこうね。2次関数のグラフ（$y=ax^2+bx+c$）とx軸（直線$y=0$）との交わり方は，次の(i)〜(iii)の3つの場合があるよ。

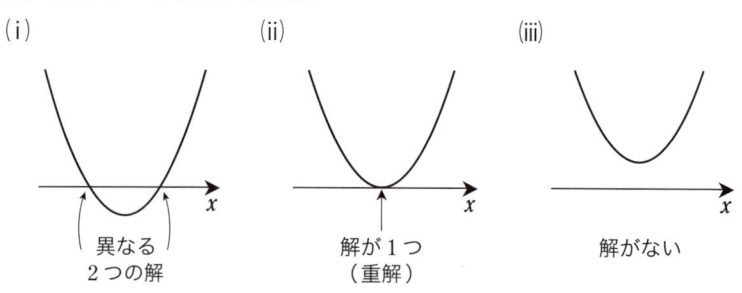

(i) 異なる2つの解

(ii) 解が1つ（重解）

(iii) 解がない

　2次方程式 $ax^2+bx+c=0 (a\neq 0)$ の解は，

$$x=\frac{-b\pm\sqrt{b^2-4ac}}{2a}$$

だったね。すなわち，

$$x=\frac{-b+\sqrt{b^2-4ac}}{2a} \text{ と } x=\frac{-b-\sqrt{b^2-4ac}}{2a}$$

の2つ。

　ここで，$\sqrt{}$ の中の部分 b^2-4ac の値に注目すると，2次方程式 $ax^2+bx+c=0$ は，

(i) $b^2-4ac>0$ のとき，2つの解

$$x=\frac{-b+\sqrt{b^2-4ac}}{2a} \text{ と } x=\frac{-b-\sqrt{b^2-4ac}}{2a} \text{を持つ。}$$

(ii) $b^2-4ac=0$ のとき，1つの解（重解）

$$x=-\frac{b}{2a} \text{を持つ。}$$

(ⅲ) **$b^2-4ac<0$** のとき，解を持たない（$\sqrt{}$ の中が，負の数だからね）

2次方程式：$x^2=1$ は，$x=\pm 1$ となって解けるけど，

2次方程式 $\boxed{x^2=-1}$ は解けないね。

2乗して -1 になる数はないからね。以上のことから，2次方程式の解の個数は解の公式で，$\sqrt{}$ の中の値：b^2-4ac によって判別できるので，この式を判別式といい，D で表すんだね。

$$D=b^2-4ac$$

実数とは，有理数および無理数を合わせたものなんだ。

したがって，2次方程式の実数解の個数は，次のようになるよ。

・2次方程式：$ax^2+bx+c=0\,(a\neq 0)$ の実数解の個数
  判別式を $D(=b^2-4ac)$ とすると，
  (ⅰ) $D>0$ のとき　異なる2つの解を持つ
  (ⅱ) $D=0$ のとき　ただ1つの解（重解）を持つ
  (ⅲ) $D<0$ のとき　解を持たない

問題4　2次方程式 $2x^2+3x-1=0$ について，次の問いに答えなさい。
① この2次方程式の判別式の値を求めなさい。
② この2次方程式の解の個数を求めなさい。

――― 解答・解説 ―――

① 2次方程式 $ax^2+bx+c=0$ で，$a=2, b=3, c=-1$ より，判別式を D とすると，

$$\begin{aligned}D&=3^2-4\cdot 2\cdot(-1)\\&=9+8\\&=17\end{aligned}$$ 答

② $D>0$ より，異なる2つの解を持つ。答

第3章 不等式

問題5 次の不等式を解きなさい。

① $x^2-2x-3>0$ ② $-x^2+2x+3>0$
③ $x^2-4x+4>0$ ④ $x^2-4x+4\leqq 0$
⑤ $x^2+4x+6>0$ ⑥ $x^2+4x+6<0$

──── 解答・解説 ────

① $x^2-2x-3>0$
$(x-3)(x+1)>0$
よって求める x の値の範囲は,
答 $x<-1$, $3<x$

② $-x^2+2x+3>0$
この両辺に -1 をかけて
$x^2-2x-3<0$
$(x-3)(x+1)<0$
よって求める x の値の範囲は,
答 $-1<x<3$

③ $y=x^2-4x+4$
  $=(x-2)^2$
のグラフは,右のようになるね。 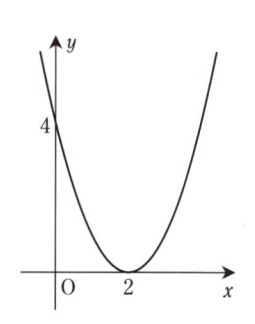
したがって,$y>0$ すなわち,
 $x^2-4x+4>0$
となるような x の値の範囲は,
答「2以外のすべての実数」。

④ ③のグラフより,$x^2-4x+4\leqq 0$ を
満たす x の値の範囲は,**答**「$x=2$ のみ」。

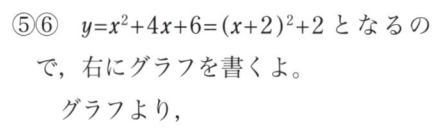

⑤⑥ $y=x^2+4x+6=(x+2)^2+2$ となるので,右にグラフを書くよ。 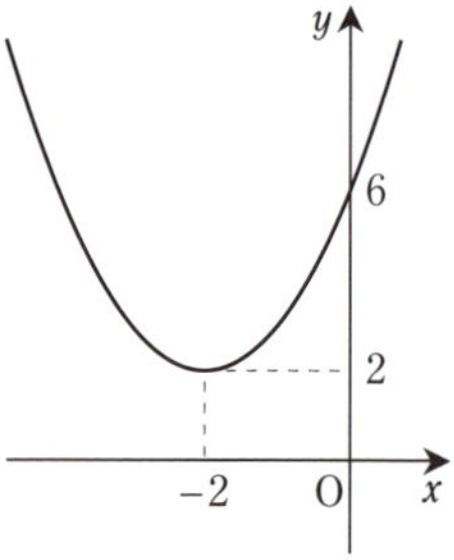
 グラフより,
 ⑤ $x^2+4x+6>0$
となるような x の値の範囲は,
答「すべての実数」。
 同様に,
 ⑥ $x^2+4x+6<0$ を満たす x の値は,存在しない。
よって,**答**「解なし」。

第 4 章

三角比

1. 三平方の定理と三角比
2. 正弦定理
3. 余弦定理
4. 三角比の変形公式

1 三平方の定理と三角比

◆三平方の定理

まずは，三平方の定理から復習しよう。三平方の定理とは，

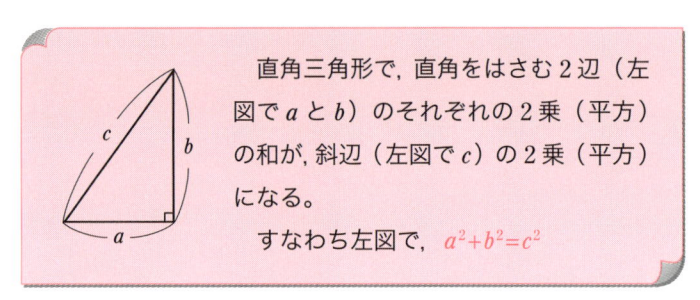

> 直角三角形で，直角をはさむ2辺（左図で a と b）のそれぞれの2乗（平方）の和が，斜辺（左図で c）の2乗（平方）になる。
> すなわち左図で，$a^2+b^2=c^2$

という定理だったね。これは逆も成り立ち，三角形の3辺に

$$a^2+b^2=c^2$$

という関係が成り立てば，c を斜辺とする直角三角形になる。

それでは，問題を1つやっておこう。

復習 右図で x の値を求めなさい。

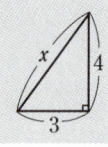

―― 解答・解説 ――

三平方の定理より，$x^2=3^2+4^2$

$x^2=25$

$x>0$ より，$x=5$ **答**

ところで，三平方の定理で，絶対覚えることは次の2つだったね。

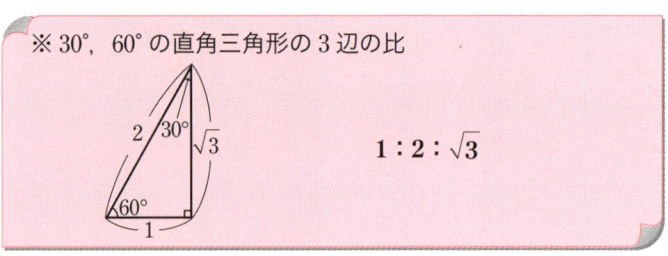

> ※ 30°，60°の直角三角形の3辺の比
>
> $1:2:\sqrt{3}$

※直角二等辺三角形の3辺の比

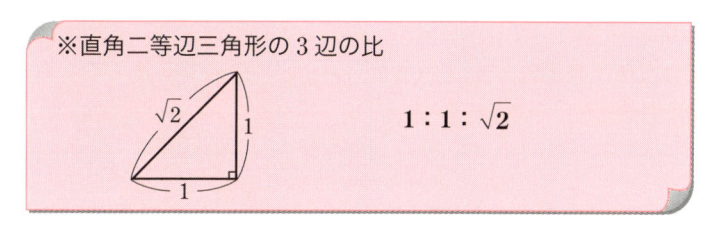

$1 : 1 : \sqrt{2}$

　これらは，下図のようにそれぞれ，1辺が2の正三角形と1辺が1の正方形で，それぞれ頂角の二等分線と対角線を引くことで求めることができたね。三平方の定理を用いて，下図の点線の長さを求めることで，2つの特別な直角三角形，つまり「30°，60°の直角三角形」および「直角二等辺三角形」の3辺の比が求められたんだね。

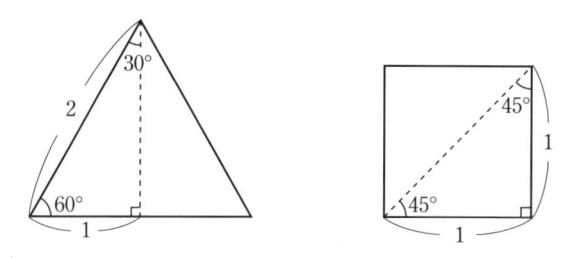

　これから学習する三角比では，この2つの比はいつも使うので，頭の中に自然に描けるまで訓練することが大切だったね。

上の図は頭の中に浮かぶようになったね。

第4章 三角比

◆三角比の定義

下図の直角三角形で，$\sin\theta$, $\cos\theta$, $\tan\theta$ を次の式で定義する（もちろん直角三角形だよ）。

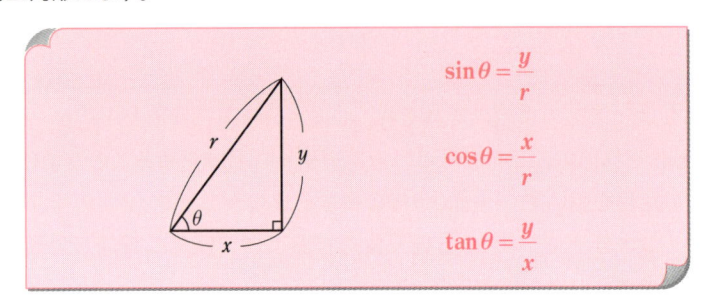

$$\sin\theta = \frac{y}{r}$$

$$\cos\theta = \frac{x}{r}$$

$$\tan\theta = \frac{y}{x}$$

記号 θ は，シータと読み，角度の大きさを表し，「0°や90°を超えることもある。」…（※）これについては，後で解説するね。また，それぞれ sin：サイン，cos：コサイン，tan：タンジェントと読むことを覚えておこう。

定義からわかるように**三角比とは，直角三角形で，隣り合う辺の比（の値）**のことなんだね。よく，$\sin\theta$, $\cos\theta$, $\tan\theta$ って何？という人が多いけどこれでわかったね。

そして，この3つの比は，下の図のように，**アルファベットの s, c, t（サイン，コサイン，タンジェントの頭文字）の筆記体**で覚えるといいよ。

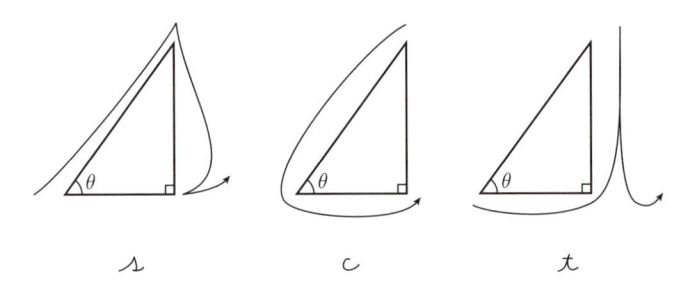

1．三平方の定理と三角比

準備ができたところで，具体的に三角比を求めてみよう。

例えば，$\theta=30°$ のとき，$\sin 30°$ の値は，次の図から

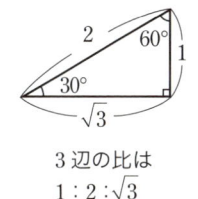

$\sin 30° = \dfrac{1}{2}$ となる。

また，$\cos 30° = \dfrac{\sqrt{3}}{2}$，

$\tan 30° = \dfrac{1}{\sqrt{3}}$ となることもわかるね。

3辺の比は
$1:2:\sqrt{3}$

大切なことは直角三角形を書くことなんだね。

求め方がわかったので，少し練習してみよう。

練習1 次の三角比の値を求めなさい。
① $\sin 45°$ ② $\cos 45°$ ③ $\tan 45°$
④ $\sin 60°$ ⑤ $\cos 60°$ ⑥ $\tan 60°$

――― 解答 ―――

① 答 $\sin 45° = \dfrac{1}{\sqrt{2}}$ ② 答 $\cos 45° = \dfrac{1}{\sqrt{2}}$

③ 答 $\tan 45° = 1$ ④ 答 $\sin 60° = \dfrac{\sqrt{3}}{2}$

⑤ 答 $\cos 60° = \dfrac{1}{2}$ ⑥ 答 $\tan 60° = \sqrt{3}$

――― 解説 ―――

これらは，下の図を書くと理解できるね。

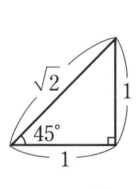

$1:1:\sqrt{2}$ 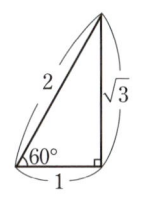 $1:2:\sqrt{3}$

第 4 章　三角比

◆一般的な三角比の定義

　これまでの直角三角形による三角比では，$\sin 0°$，$\cos 0°$，$\tan 0°$，$\sin 90°$，$\cos 90°$ などの値は求めることができないね。なぜなら直角三角形が書けないからね。そこで，三角比を新たに次のように定義することで，0° や 90°，90° 以上の角の三角比の値も求めることができるようになる。新たな三角比の定義を下に書くね。この定義ですべての角の三角比が求められる。

　半径 r の円周上に点 $P(x, y)$ をとり，x 軸とのなす角を θ として，三角比を次のように定義する。

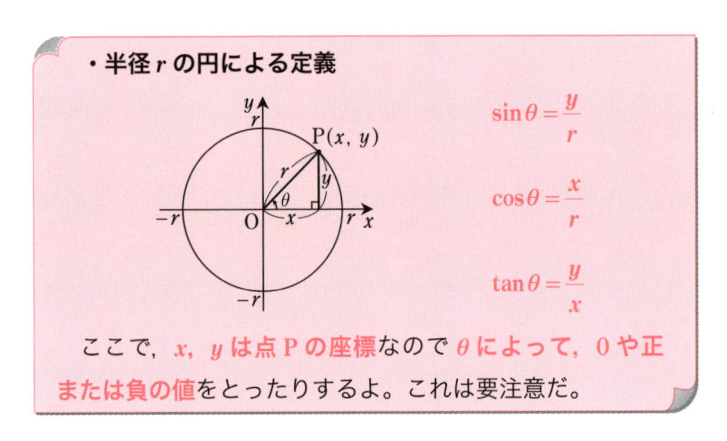

・半径 r の円による定義

$$\sin\theta = \frac{y}{r}$$

$$\cos\theta = \frac{x}{r}$$

$$\tan\theta = \frac{y}{x}$$

ここで，x，y は点 P の座標なので θ によって，0 や正または負の値をとったりするよ。これは要注意だ。

　具体的に $\theta = 0°$，$\theta = 90°$ のときの三角比を求めてみよう。
$\theta = 0°$ のとき，点 P の座標は $P(r, 0)$ なので

$$\sin 0° = \frac{0}{r} = 0, \quad \cos 0° = \frac{r}{r} = 1, \quad \tan 0° = \frac{0}{r} = 0$$

$\theta = 90°$ のとき，点 P の座標は $P(0, r)$ なので

$$\sin 90° = \frac{r}{r} = 1, \quad \cos 90° = \frac{0}{r} = 0, \quad \tan 90° = \frac{r}{0}?$$

となるので $\tan 90°$ の値は存在しない。0 で割れないからね。

また，$\sin 120°$，$\cos 120°$ は，次の図のように定義されるのでしっかり覚えてほしい。

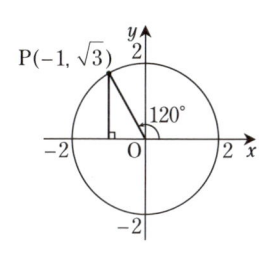

$\theta=120°$ のときの図は，左のようになる。このとき半径が 2 の円で考えると，点 P の座標は，$(-1, \sqrt{3})$ となるね。よって

$$\sin 120° = \frac{y}{r} = \frac{\sqrt{3}}{2}$$

$$\cos 120° = \frac{x}{r} = \frac{-1}{2} = -\frac{1}{2}$$

$$\tan 120° = \frac{y}{x} = \frac{\sqrt{3}}{-1} = -\sqrt{3}$$

同様に，$\theta=135°$ のときの図は，左下のようになる。

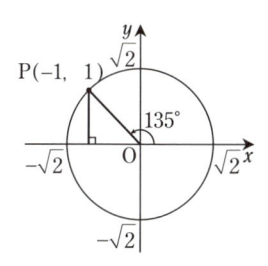

$\theta=135°$ のとき，半径 $\sqrt{2}$ の円で考えると，点 P の座標は，$(-1, 1)$。よって

$$\sin 135° = \frac{y}{r} = \frac{1}{\sqrt{2}}$$

$$\cos 135° = \frac{x}{r} = \frac{-1}{\sqrt{2}} = -\frac{1}{\sqrt{2}}$$

$$\tan 135° = \frac{y}{x} = \frac{1}{-1} = -1$$

θ の値が 90° を超えてくると，はじめは少し難しく感じるんだけど，慣れれば大丈夫。その際，三角比の符号にも注意を払ってほしい。

ところで，$\theta=120°$ のときは**円の半径を 2** で，$\theta=135°$ では**円の半径を $\sqrt{2}$** として円を書いてあるね。ここで，**三角比は円の半径の長さに関係なく，角度（θ の値）だけで決まる**ことに注意だね。

例えば，30°，60° の直角三角形で，斜辺の長さが 2 でも 5 でも，$\sin 30°$ の値は同じだね。三角比とは，直角三角形で隣り合う辺の比だからね。それならば，円の半径は 1 でもいいね。実際に，半径が 1 の円（単位円という）で定義してみよう。

第4章　三角比

◆単位円による三角比の定義

・半径1の円による定義

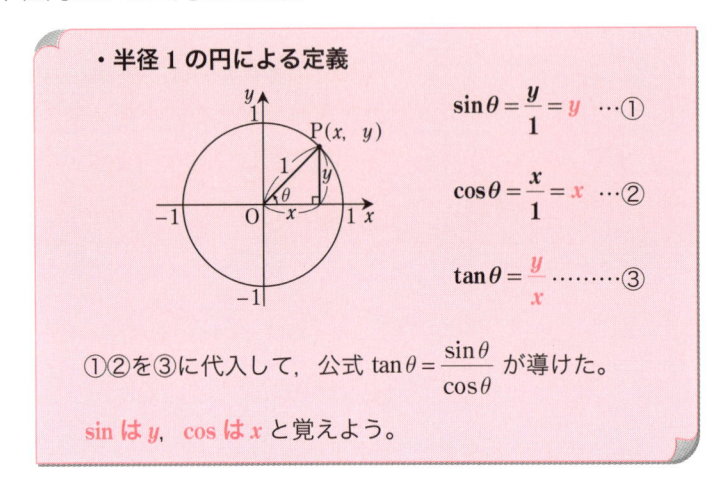

$\sin\theta = \dfrac{y}{1} = y$ …①

$\cos\theta = \dfrac{x}{1} = x$ …②

$\tan\theta = \dfrac{y}{x}$ ………③

①②を③に代入して，公式 $\tan\theta = \dfrac{\sin\theta}{\cos\theta}$ が導けた。

sin は y，cos は x と覚えよう。

　この公式の意味だけど，**単位円（半径が1の円）では，$\sin\theta$ の値は点 P の y の値，$\cos\theta$ の値は点 P の x の値**と等しくなるといっているわけだね。このことから，$\sin\theta$，$\cos\theta$，$\tan\theta$ の値の符号がわかるね。それぞれ，下のようになる。

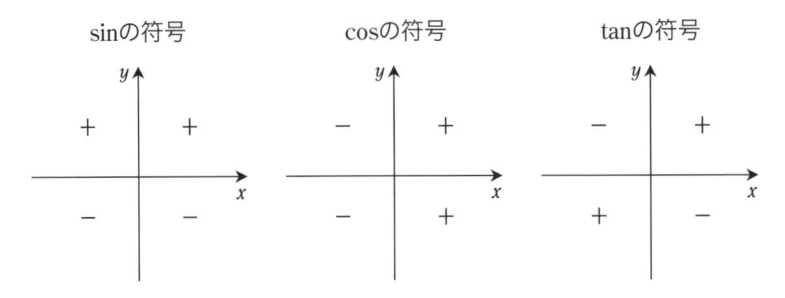

sinの符号　　　　　cosの符号　　　　　tanの符号

　$\sin\theta$ は，点 P の y 座標なので，θ が $0 < \theta < 180°$ の範囲で正の値をとり，また，$\cos\theta$ は，点 P の x 座標なので，θ が，$0 < \theta < 90°$ の範囲で正の値をとり，$90° < \theta < 180°$ で負の値をとる。$\tan\theta$ の値は，$0° < \theta < 180°$ ($\theta \neq 90°$) のとき，上の③式より，$\cos\theta$ と同じ符号をとるのも理解できるね。$180° < \theta < 360°$ の場合については数学Ⅱで学ぶけど，そのときの符号もつけておいたので参考にしてほしい。

1. 三平方の定理と三角比

単位円（半径が 1 の円）上での三角比についても理解できたかな？

理解できたところで，下の表の三角比については，すぐに値が出せるように訓練しておこう。これが，後で学ぶ（数学ⅡやⅢ）三角関数の基礎になるからね。

θ	$0°$	$30°$	$45°$	$60°$	$90°$
$\sin\theta$	0	$\dfrac{1}{2}$	$\dfrac{1}{\sqrt{2}}$	$\dfrac{\sqrt{3}}{2}$	1
$\cos\theta$	1	$\dfrac{\sqrt{3}}{2}$	$\dfrac{1}{\sqrt{2}}$	$\dfrac{1}{2}$	0
$\tan\theta$	0	$\dfrac{1}{\sqrt{3}}$	1	$\sqrt{3}$	/

θ	$120°$	$135°$	$150°$	$180°$
$\sin\theta$	$\dfrac{\sqrt{3}}{2}$	$\dfrac{1}{\sqrt{2}}$	$\dfrac{1}{2}$	0
$\cos\theta$	$-\dfrac{1}{2}$	$-\dfrac{1}{\sqrt{2}}$	$-\dfrac{\sqrt{3}}{2}$	-1
$\tan\theta$	$-\sqrt{3}$	-1	$-\dfrac{1}{\sqrt{3}}$	0

ところで，関数：$y=\sin\theta$ などでは，θ の値を 1 つ定めると y の値はただ 1 つ定まるので，y は θ の関数になるね。したがって，この形の関数を三角関数というよ。$y=2\cos\theta$ や $y=3\sin\theta+1$ なども三角関数の例だね。

◆三角方程式

> **練習2** $0° \leq \theta \leq 180°$ のとき，$\sin\theta = \dfrac{1}{2}$ を満たす θ の値を求めなさい。

―― 解答・解説 ――

この問題の意味は，$\sin\theta = \dfrac{1}{2}$ を成り立たせるような θ（角度）は何ですかということなんだね。

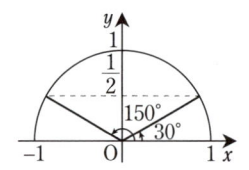

したがって，左図よりこれを満たす θ は，30° と 150° ということになるね。

以上より，求める θ の値は，

$\theta = 30°,\ 150°$ 答

こういう方程式を三角方程式というので覚えておこう。

> **練習3** $0° \leq \theta \leq 180°$ のとき，$\cos\theta = \dfrac{1}{2}$ を満たす θ の値を求めなさい。

―― 解答・解説 ――

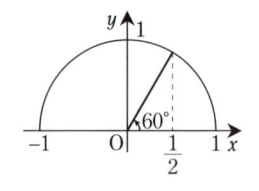

左図より，求める θ の値は，

$\theta = 60°$ 答

三角方程式を解くときには，θ の値と三角比の符号に十分注意して解くことが大切だね。

1. 三平方の定理と三角比

◆三角形の面積公式

　三角比を用いると次の三角形の面積公式が導かれる。

　右の図 1 の三角形で **2 辺とその間の角**がわかれば，三角形の面積 S を次の式で求めることができる。2 辺を a, b その間の角を θ とすると，

$$S = \frac{1}{2} \cdot a \cdot b \cdot \sin\theta$$

なぜこうなるか説明するね。　　　　　　　　　　　　図 1

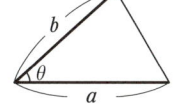

　右の図 2 のように，この三角形の底辺を a としたときの高さを h とするよ。この高さ h は，

$$h = b \cdot \sin\theta$$

で求められるのは理解できるかな。

　これは，三角比の定義式

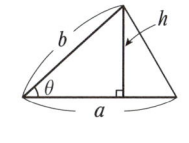

$$\sin\theta = \frac{h}{b}$$

　　　　　　　　　　　　　　　　　　　　　　　　　図 2

の両辺に b をかけることで導くことができるけど，これは，直角三角形の斜辺 b の $\dfrac{h}{b}$ 倍，つまり **$\sin\theta$ の値**をかけることで，高さ h を求めることができる。

　例えば，右の図 3 の三角形で $b=5$, $\theta=60°$ のとき，h は，次の式で求められるからね。

$$h = 5 \cdot \sin 60° = 5 \times \frac{\sqrt{3}}{2} = \frac{5}{2}\sqrt{3}$$

　面積公式は，

$$S = \frac{1}{2} \times 底辺(a) \times 高さ(b\sin\theta)$$

の形になっていたことがわかったね。　　　　　　　　図 3

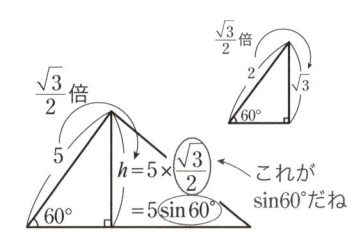

第4章 三角比

これで，式の意味がきちんと理解できたね。

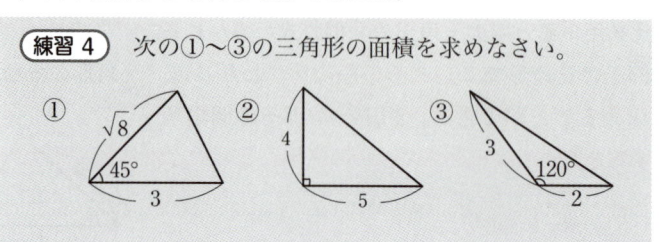

練習4 次の①〜③の三角形の面積を求めなさい。

① 辺 $\sqrt{8}$，$45°$，底辺 3
② 辺 4，底辺 5（直角三角形）
③ 辺 3，$120°$，底辺 2

―― 解答・解説 ――

三角形の面積公式に代入すればいいね。

三角形の面積を S とすると，

① $S = \dfrac{1}{2} \cdot \underset{\text{底辺}}{3} \cdot \underset{\text{高さ}}{\sqrt{8}} \cdot \sin 45°$

$ = \dfrac{1}{2} \cdot 3 \cdot 2\sqrt{2} \cdot \dfrac{1}{\sqrt{2}}$ ※ $\sin 45° = \dfrac{1}{\sqrt{2}}$ だね。

$ = 3$ 答

② $S = \dfrac{1}{2} \cdot 5 \cdot 4 \cdot \sin 90°$

$ = \dfrac{1}{2} \cdot 5 \cdot 4 \cdot 1$ ※ $\sin 90° = 1$ だね。

$ = 10$ 答

ここでは，普通はこんな計算はしないね。直角三角形でも，面積公式が使えることの確認をしただけ！

③ $S = \dfrac{1}{2} \cdot 2 \cdot 3 \cdot \sin 120°$

$ = \dfrac{1}{2} \cdot 2 \cdot 3 \cdot \dfrac{\sqrt{3}}{2}$ ※ $\sin 120° = \dfrac{\sqrt{3}}{2}$ だね。

$ = \dfrac{3}{2}\sqrt{3}$ 答

1．三平方の定理と三角比

問題1 右の図のように2つの対角線の長さが a, b で，そのなす角が θ であるとき，この四角形の面積 S は，

$$S = \frac{1}{2}ab\sin\theta$$

で求められることを証明しなさい。

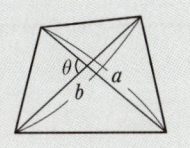

解答・解説

右の図で，
$\angle AEB = \theta$ （$\angle AED = \theta$ でもいいよ）
$AE = x$

とすると $\triangle ABD$ で，底辺を BD としたときの高さは，$x\sin\theta$ となるので，

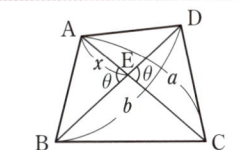

$$\triangle ABD = \frac{1}{2} \times b \times x\sin\theta \quad \cdots\cdots\cdots ①$$

また，$\triangle CDB$ で，底辺を BD とすると，高さは，$(a-x)\sin\theta$ となるので，

$$\triangle CDB = \frac{1}{2} \times b \times (a-x)\sin\theta \quad \cdots\cdots ②$$

①，②より

$$S = \triangle ABD + \triangle CDB$$

$$= \frac{1}{2}bx\sin\theta + \frac{1}{2}b(a-x)\sin\theta$$

$$= \frac{1}{2}b\cancel{x}\sin\theta + \frac{1}{2}ab\sin\theta - \frac{1}{2}b\cancel{x}\sin\theta$$

$$= \frac{1}{2}ab\sin\theta$$

第4章 三角比

◆三角比の基本公式

下の公式は，特に重要なのでしっかり覚えてほしい。一応証明も書いておくね。特に**1と2の公式は絶対に覚えること**。いいね。

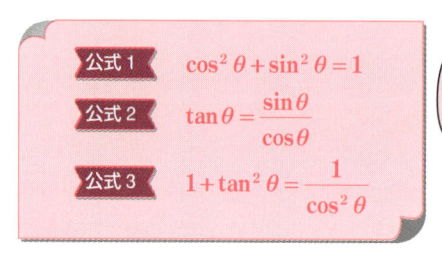

公式1 $\cos^2\theta + \sin^2\theta = 1$

公式2 $\tan\theta = \dfrac{\sin\theta}{\cos\theta}$

公式3 $1 + \tan^2\theta = \dfrac{1}{\cos^2\theta}$

> $\cos\theta \times \cos\theta = (\cos\theta)^2$ だけど，この $(\cos\theta)^2$ を $\cos^2\theta$ と書くことを覚えておこう。
> $\sin^2\theta$，$\tan^2\theta$ についても同様だよ。

公式1 $\cos^2\theta + \sin^2\theta = 1$ の【証明】

まず，右の図の単位円で，$\sin\theta = \dfrac{y}{1} = y$，$\cos\theta = \dfrac{x}{1} = x$，$\tan\theta = \dfrac{y}{x}$ だったね。

右図の直角三角形 POH で，三平方の定理より

$x^2 + y^2 = 1$ ……………①

$x = \cos\theta$ ……………②

$y = \sin\theta$ ……………③

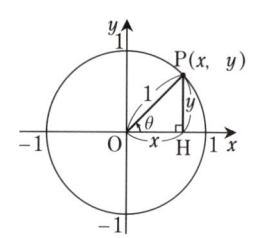

より，これらを①に代入して

$\cos^2\theta + \sin^2\theta = 1$ ……④

公式2 $\tan\theta = \dfrac{\sin\theta}{\cos\theta}$ の【証明】

$\tan\theta = \dfrac{y}{x}$ に②③を代入して，$\tan\theta = \dfrac{\sin\theta}{\cos\theta}$ が導かれるね。

公式3 $1 + \tan^2\theta = \dfrac{1}{\cos^2\theta}$ の【証明】

$\cos^2\theta + \sin^2\theta = 1$ …④ の両辺を $\cos^2\theta$ で割ると

$$\dfrac{\cos^2\theta}{\cos^2\theta} + \dfrac{\sin^2\theta}{\cos^2\theta} = \dfrac{1}{\cos^2\theta} \quad \leftarrow \quad \dfrac{\sin^2\theta}{\cos^2\theta} = \left(\dfrac{\sin\theta}{\cos\theta}\right)^2 = \tan^2\theta$$

だね。

これより $1 + \tan^2\theta = \dfrac{1}{\cos^2\theta}$ となって導けた。

1．三平方の定理と三角比

> **練習 5** $\sin\theta=\dfrac{1}{2}$ のとき，$\cos\theta$ の値を求めなさい。
> ただし，$0°\leqq\theta\leqq180°$ とする。

―― 解答・解説 ――

$\cos^2\theta+\sin^2\theta=1$ ……①。①に $\sin\theta=\dfrac{1}{2}$ を代入して，

$\cos^2\theta+\left(\dfrac{1}{2}\right)^2=1$

$\cos^2\theta=1-\dfrac{1}{4}=\dfrac{3}{4}$

θ が $0\leqq\theta\leqq180°$ なので，±がつくね。

$0\leqq\theta\leqq180°$ より，$\cos\theta=\pm\dfrac{\sqrt{3}}{2}$ **答**

> **練習 6** $\cos\theta=\dfrac{1}{2}$ のとき，$\sin\theta$ の値を求めなさい。
> ただし，$0°\leqq\theta\leqq180°$ とする。

―― 解答・解説 ――

$\cos^2\theta+\sin^2\theta=1$ ……①。①に $\cos\theta=\dfrac{1}{2}$ を代入して，

$\left(\dfrac{1}{2}\right)^2+\sin^2\theta=1$

$\sin^2\theta=1-\dfrac{1}{4}=\dfrac{3}{4}$

$\sin\theta=\pm\dfrac{\sqrt{3}}{2}$ としてしまった人は，残念ながら間違いなんだね。

理由は，$0\leqq\theta\leqq180°$ のとき，$\sin\theta\geqq0$ なんだね。よって，

$\sin\theta=\dfrac{\sqrt{3}}{2}$ **答**

2 正弦定理

◆正弦定理

　数学検定準2級で，最も重要となる正弦定理と余弦定理について理解しよう。まず正弦定理とは，

> △ABCの外接円の半径をRとすると，
> $$\frac{a}{\sin A} = \frac{b}{\sin B} = \frac{c}{\sin C} = 2R$$

が成り立つという定理なんだね。

　正弦定理の証明に入る前に，三角形の表記法について確認しておこう。

　《三角形の表記》図1のように，三角形の頂点は，大文字のA, B, Cで表し，頂点と向かい合う辺（対辺）を小文字のa, b, cで表す。覚えておこうね。

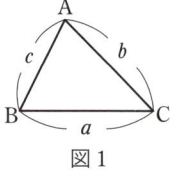

図1

　すなわち，正弦定理とは，図2のように，**三角形で，1つの角とその対辺の長さがわかれば，その三角形の外接円の半径がわかる**という定理になるんだね。

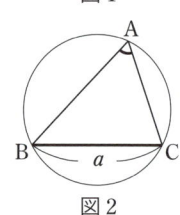

図2

　では，なぜ三角形で1つの角とその対辺が与えられただけで，外接円が決まるかといえば，図3で**三角形の1つの角をA，その対辺をaとすると，そのような三角形の頂点は，円周角の定理の逆により1つの円周上に並ぶ**ことからわかるでしょう。（P107参照）

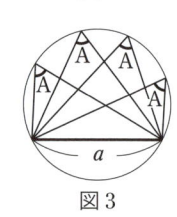

図3

　これで，正弦定理に三角形の外接円が出てくる理由も理解できたと思う。正弦定理の証明もやっておくね。円周角の知識で理解できるよ。

2．正弦定理

【証明】 右の図で，Bを通る直径をBDとする。

∠A＝∠D より，$\sin A = \sin D$

$\sin D = \dfrac{BC}{BD} = \dfrac{a}{2R}$ すなわち

$\sin A = \dfrac{a}{2R}$ ：この両辺に $2R$ をかけて

$2R \sin A = a$ ：この両辺を $\sin A$ で割ると

$\dfrac{a}{\sin A} = 2R$

同様にして，$\dfrac{b}{\sin B} = 2R$，$\dfrac{c}{\sin C} = 2R$ も成り立つ。

以上より，

$$\dfrac{a}{\sin A} = \dfrac{b}{\sin B} = \dfrac{c}{\sin C} = 2R$$

が成り立つ。

> この定理は，しっかり覚えてね。

正弦定理を用いた問題を解いてみよう。

練習7 △ABCで，∠A＝60°，$a=10$ のとき，外接円の半径を求めなさい。

━━━ 解答・解説 ━━━

正弦定理 $\dfrac{a}{\sin A} = 2R$ より $\dfrac{10}{\sin 60°} = 2R$ …①

$10 \div \sin 60°$ だね。

$\sin 60° = \dfrac{\sqrt{3}}{2}$ ……………②

②を①に代入して，$2R = \dfrac{10}{\frac{\sqrt{3}}{2}} = 10 \times \dfrac{2}{\sqrt{3}} = \dfrac{20}{\sqrt{3}}$

これより，$R = \dfrac{20}{\sqrt{3}} \times \dfrac{1}{2} = \dfrac{10}{\sqrt{3}} = \dfrac{10\sqrt{3}}{3}$ 【答】

第4章 三角比

問題2 △ABCで,$a=5$,$A=45°$,$B=60°$であるとき,bを求めなさい。

――― 解答・解説 ―――

正弦定理より,$\dfrac{a}{\sin A}=\dfrac{b}{\sin B}=\dfrac{c}{\sin C}=2R$ だね。

ここでは,$\dfrac{a}{\sin A}=\dfrac{b}{\sin B}$ の部分だけで b が求められるね。

与えられた条件を代入して,$\dfrac{5}{\sin 45°}=\dfrac{b}{\sin 60°}$

これより,

$$b=\dfrac{5}{\sin 45°}\times\sin 60°=\dfrac{5}{\frac{1}{\sqrt{2}}}\times\dfrac{\sqrt{3}}{2}$$

（$5\div\dfrac{1}{\sqrt{2}}$ のこと）

$$=5\sqrt{2}\times\dfrac{\sqrt{3}}{2}=\dfrac{5}{2}\sqrt{6}\ \ 答\ \ \text{となるよ。}$$

問題3 △ABCで,$a=1$,この三角形の外接円の半径が1であるとき,∠Aの大きさを求めなさい。

――― 解答・解説 ―――

正弦定理より,$\dfrac{a}{\sin A}=2R$

与えられた条件を代入して,$\dfrac{1}{\sin A}=2\times 1$ ……①

この両辺に $\sin A$ をかけて,$2\sin A=1$ よって $\sin A=\dfrac{1}{2}$

（または,①で両辺の逆数をとって,$\sin A$ の値を求めてもいいよ）

$\sin A=\dfrac{1}{2}$ を満たす A の値は,$A=30°$,$150°$ 答

上の問題では,三角形が2つ出てきたね。次のページにこの2つの三角形の図を書いておくね。

∠A=30°のときの図　　∠A=150°のときの図

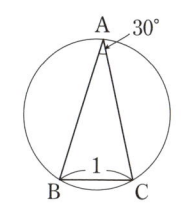

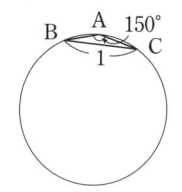

問題4 △ABC で，$\cos B = \dfrac{1}{2}$，外接円の半径が3であるとき，b を求めなさい。

---- 解答・解説 ----

$\cos^2 B + \sin^2 B = 1$ より，

$$\left(\dfrac{1}{2}\right)^2 + \sin^2 B = 1$$

これより，$\sin^2 B = \dfrac{3}{4}$

ここで，$0° < B < 180°$ なので

$\sin B = \dfrac{\sqrt{3}}{2}$ ………①　　←　$\sin B = \pm \dfrac{\sqrt{3}}{2}$ ではないね。

正弦定理 $\dfrac{b}{\sin B} = 2R$ より，$b = 2R \cdot \sin B$

これに①を代入して

$b = 2 \cdot 3 \cdot \dfrac{\sqrt{3}}{2} = 3\sqrt{3}$ 答

　少し難しくなってきたけど，このレベルまでは解けるようにしておこうね。繰り返し練習しようね。

3 余弦定理

◆余弦定理

余弦定理とは，△ABC において，次が成り立つという定理である。

$$a^2 = b^2 + c^2 - 2bc \cdot \cos A$$
$$b^2 = c^2 + a^2 - 2ca \cdot \cos B$$
$$c^2 = a^2 + b^2 - 2ab \cdot \cos C$$

これは，一見難しそうだけど，三平方の定理とよく似ているんだ。実際，$a^2 = b^2 + c^2 - 2bc \cdot \cos A$ で，∠A=90° のとき，

$$a^2 = b^2 + c^2 - 2bc \cdot \cos 90°$$

となって，この式に，$\cos 90° = 0$ を代入すると

$$a^2 = b^2 + c^2 - 2bc \cdot 0$$

すなわち，$a^2 = b^2 + c^2$ となる。これって，三平方の定理だね。

それでは，この定理が示していることを，図形的に見ようね。

$$a^2 = b^2 + c^2 - 2bc \cdot \cos A$$

を例にとるね。これは，

三角形の決定条件（2辺とその間の角）
　　　　　　　　　b と c　 ∠A の大きさ

より，三角形で，2辺とその間の角がわかれば，残りの辺 a もわかるという当たり前のことを式に表したものと考えることができるね。

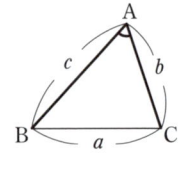

具体的に上の図で，$b=4$, $c=3$, ∠A=60° のときに，a の長さを求めてみよう。
余弦定理より，

$$a^2 = 4^2 + 3^2 - 2 \cdot 4 \cdot 3 \cdot \cos 60° \quad \leftarrow \frac{1}{2}$$
$$= 25 - 24 \cdot \frac{1}{2} = 25 - 12 = 13$$

$a>0$ より，$a = \sqrt{13}$

3．余弦定理

　余弦定理の証明は，三平方の定理を用いることでできるけど，ここでは，省略しておくね。大切なことは，この定理を図形的に見ることなんだね。長い定理だけど絶対暗記してね。では，練習してみよう。

練習 8　右図で x の値を求めなさい。

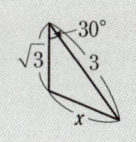

―― 解答・解説 ――

$$x^2 = (\sqrt{3})^2 + 3^2 - 2 \cdot \sqrt{3} \cdot 3 \cdot \cos 30° \quad \leftarrow \quad \frac{\sqrt{3}}{2}$$

$$= 3 + 9 - 2 \cdot \sqrt{3} \cdot 3 \cdot \frac{\sqrt{3}}{2}$$

$$= 12 - 9 = 3$$

$x > 0$ より $x = \sqrt{3}$ 【答】

練習 9　△ABC で，（　）内の値を求めなさい。
① $b=2$, $c=5\sqrt{3}$, $A=30°$　(a)
② $a=4$, $b=3\sqrt{2}$, $C=135°$　(c)

―― 解答・解説 ――

①　余弦定理より

$$a^2 = 2^2 + (5\sqrt{3})^2 - 2 \cdot 2 \cdot 5\sqrt{3} \cdot \cos 30° \quad \leftarrow \quad \frac{\sqrt{3}}{2}$$

$$= 4 + 75 - 20\sqrt{3} \cdot \frac{\sqrt{3}}{2} = 49$$

$a > 0$ より，$a = 7$ 【答】

②　余弦定理より

$$c^2 = 4^2 + (3\sqrt{2})^2 - 2 \cdot 4 \cdot 3\sqrt{2} \cdot \cos 135° \quad \leftarrow \quad -\frac{1}{\sqrt{2}}$$

$$= 16 + 18 - 24\sqrt{2} \cdot \left(-\frac{1}{\sqrt{2}}\right) = 34 + 24 = 58$$

$c > 0$ より，$c = \sqrt{58}$ 【答】

余弦定理を下にもう一度書いておくね。もう覚えたかな？

$$a^2 = b^2 + c^2 - 2bc \cdot \cos A \quad \cdots\cdots\cdots ①$$
$$b^2 = c^2 + a^2 - 2ca \cdot \cos B \quad \cdots\cdots\cdots ②$$
$$c^2 = a^2 + b^2 - 2ab \cdot \cos C \quad \cdots\cdots\cdots ③$$

①を $\cos A$ について解くと，

$a^2 = b^2 + c^2 - 2bc \cdot \cos A$

$2bc \cdot \cos A = b^2 + c^2 - a^2$ 　　　：$-2bc \cdot \cos A$ と a^2 を移項。

$\cos A = \dfrac{b^2 + c^2 - a^2}{2bc}$ 　　　：両辺を $2bc$ で割る。

同様にして

$$\cos B = \dfrac{c^2 + a^2 - b^2}{2ca}, \quad \cos C = \dfrac{a^2 + b^2 - c^2}{2ab}$$

も導くことができる。

　この3つの式から，三角形の3つの辺の長さがわかれば，$\cos A$，$\cos B$，$\cos C$ の値を求めることができるんだね。特に，これらの値が，$\dfrac{1}{2}$ や $\dfrac{\sqrt{3}}{2}$ や $-\dfrac{1}{\sqrt{2}}$ などのとき，∠A，∠B，∠C の大きさも三角方程式を解くことで簡単に求めることができる。次のページでいくつか練習してみよう。

3．余弦定理

練習10 △ABCで，$a=8$，$b=7$，$c=5$であるとき，∠Bの大きさを求めなさい。

── 解答・解説 ──

$b^2 = c^2 + a^2 - 2ca \cdot \cos B$

これを $\cos B$ について解くと

$$\cos B = \frac{c^2 + a^2 - b^2}{2ca} \quad \cdots\cdots ①$$

$a=8$，$b=7$，$c=5$ を①に代入して

$$\cos B = \frac{5^2 + 8^2 - 7^2}{2 \cdot 5 \cdot 8} = \frac{25 + 64 - 49}{80} = \frac{40}{80} = \frac{1}{2}$$

$\cos B = \dfrac{1}{2}$ で，$0° < B < 180°$ より，∠B=60° **答**

練習11 △ABCで，$a=7$，$b=3$，$c=5$であるとき，∠Aの大きさを求めなさい。

── 解答・解説 ──

$a^2 = b^2 + c^2 - 2bc \cdot \cos A$

これを $\cos A$ について解くと

$$\cos A = \frac{b^2 + c^2 - a^2}{2bc} \quad \cdots\cdots ①$$

$a=7$，$b=3$，$c=5$ を①に代入して

$$\cos A = \frac{3^2 + 5^2 - 7^2}{2 \cdot 3 \cdot 5} = \frac{9 + 25 - 49}{30} = -\frac{15}{30} = -\frac{1}{2}$$

$\cos A = -\dfrac{1}{2}$ で，$0° < A < 180°$ より，∠A=120° **答**

第4章　三角比

最後に正弦定理と余弦定理を使う問題を2問やっておこう。

> **問題5**　△ABCで，$b=1$，$c=\sqrt{2}$，$\angle B=30°$ のとき，$\angle C$ の大きさを求めなさい。

── 解答・解説 ──

正弦定理より，$\dfrac{b}{\sin B} = \dfrac{c}{\sin C}$

これに与えられた条件を代入して

$$\dfrac{1}{\sin 30°} = \dfrac{\sqrt{2}}{\sin C}$$ ：この両辺の逆数をとって

> $\dfrac{1}{\sin 30°} \times \dfrac{\sqrt{2}}{\sin C}$
> たすきがけで
> $\sin C = \sqrt{2} \sin 30°$ としてもいいよ。

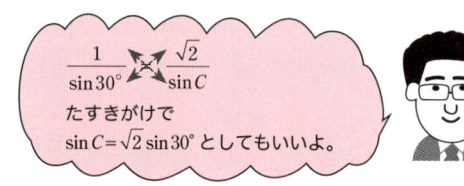

$\sin 30° = \dfrac{\sin C}{\sqrt{2}}$　：この両辺に $\sqrt{2}$ をかけて

$\sin C = \sin 30° \times \sqrt{2}$

$ = \dfrac{1}{2} \times \sqrt{2}$　：分母・分子を $\sqrt{2}$ で割る。

$ = \dfrac{1}{\sqrt{2}}$

三角形の1つの角は，0°より大きく180°より小さいね。

これを成り立たせる C（$0°<C<180°$）の値は，

$C=45°$ または $C=135°$　**答**

このときの図を下に示しておくね。

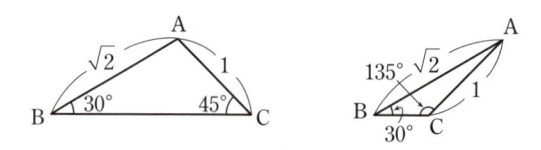

3．余弦定理

問題6 △ABC で，$b=3$，$c=5$，∠B$=30°$ のとき，辺 BC の長さを求めなさい。

解答・解説

BC$=x$ とすると，余弦定理より
$$b^2=c^2+x^2-2cx\cdot\cos B$$
これに与えられた条件を代入して
$$3^2=5^2+x^2-2\cdot5\cdot x\cdot\cos 30°$$
$$9=25+x^2-10x\cdot\frac{\sqrt{3}}{2}$$
$$x^2-5\sqrt{3}\,x+16=0$$

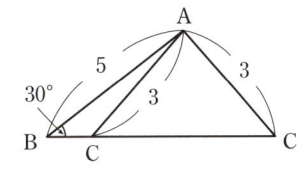

2次方程式の解の公式より
$$x=\frac{-(-5\sqrt{3})\pm\sqrt{(-5\sqrt{3})^2-4\cdot1\cdot16}}{2\cdot1}$$
$$=\frac{5\sqrt{3}\pm\sqrt{75-64}}{2}$$
$$=\frac{5\sqrt{3}\pm\sqrt{11}}{2}$$

ここで，解の吟味（求めた x が，問題の条件に合うかどうか）をしておこう。$5\sqrt{3}=\sqrt{75}$ より，$5\sqrt{3}>\sqrt{11}$ なので，

$x=\dfrac{5\sqrt{3}\pm\sqrt{11}}{2}$ の値はいずれも $x>0$ で問題の条件を満たすね。

よって，BC の長さは，$\dfrac{5\sqrt{3}\pm\sqrt{11}}{2}$ **答** となる。

今回の問題も前ページの問題と同じで，図のように2通りの三角形ができるんだね。三角形で2辺とその間でない角が与えられても三角形は決定しないんだったね。

第4章 三角比

4 三角比の変形公式

◆ $\sin(180°-\theta)$, $\cos(180°-\theta)$, $\tan(180°-\theta)$ の三角比

$$\sin(180°-\theta)=\sin\theta$$
$$\cos(180°-\theta)=-\cos\theta$$
$$\tan(180°-\theta)=-\tan\theta$$

$\sin(180°-\theta)=\sin\theta$ について考えてみようね。例えば，上図で $\theta=30°$ とすると $\sin(180°-30°)=\sin 30°$，すなわち $\sin 150°=\sin 30°$ となって確かに成り立つね。cos や tan についても自分で確認してごらん。

したがって，180°に関する変形では，sin, cos, tan の記号はそのまま三角比の値の符号（P86参照）に注意すればいいね。

くれぐれも，$\sin(180°-\theta)=\sin 180°-\sin\theta$ などとしないように！

◆ $\sin(90°-\theta)$, $\cos(90°-\theta)$, $\tan(90°-\theta)$ などの三角比

$$\sin(90°-\theta)=\cos\theta,\ \cos(90°-\theta)=\sin\theta,\ \tan(90°-\theta)=\frac{1}{\tan\theta}$$

まず右の図で，三角比の定義より

$$\sin\theta=\frac{b}{c},\ \cos\theta=\frac{a}{c},\ \tan\theta=\frac{b}{a}$$

また，この図において

$$\sin(90°-\theta)=\frac{a}{c},\ \cos(90°-\theta)=\frac{b}{c},\ \tan(90°-\theta)=\frac{a}{b}$$

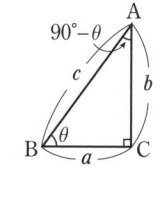

であることから、上の公式が導かれた。したがって，90°に関する変形では，

$\sin \to \cos,\ \cos \to \sin,\ \tan \to \dfrac{1}{\tan}$ のように記号が変わることに注意しよう。

このことと三角比の値の符号（P86参照）から次の公式も導かれる。

$$\sin(90°+\theta)=\cos\theta,\ \cos(90°+\theta)=-\sin\theta,\ \tan(90°+\theta)=-\frac{1}{\tan\theta}$$

9つの公式が出てきたけど，コツをつかめば大丈夫だね。

第5章

平面図形

1. 円周角の定理
2. 円に内接する四角形と接弦定理
3. 三角形と比の定理

第5章　平面図形

1 円周角の定理

◆円周角の定理

円周角の定理は，次の通りだったね。復習しておこう。

> 1つの弧に対する円周角の大きさは一定であり，その弧に対する中心角の半分である。

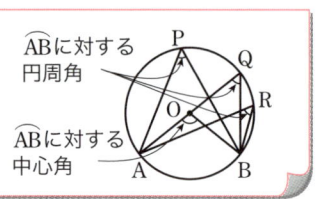

例えば，上の図において，∠AOB=120°のとき，∠APB=∠AQB=∠ARB=60°なんだね。この定理は，以下の(i)～(iii)で説明（証明）できる。

また，∠AOB=180°（半円の弧）のときは，∠APB=∠AQB=∠ARB=90°になる。

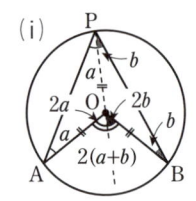

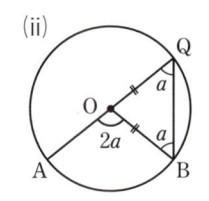

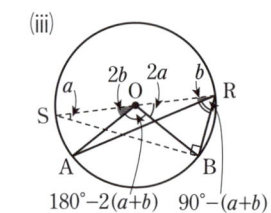

※(i)については直線POを，(iii)については直線ROと円Oとの交点をSとして，線分SRと線分SBを入れた。

まず，(i)については，△AOPと△BOPが二等辺三角形なので，

$$\angle AOB = 2\angle a + 2\angle b = 2(\angle a + \angle b) = 2\angle APB$$

(ii)についても，△BOQは二等辺三角形なので，

$$\angle AOB = 2\angle a = 2\angle AQB$$

(iii)については，(i)(ii)より

$$\angle AOB = 180° - (2\angle a + 2\angle b) = 180° - 2(\angle a + \angle b)$$

また，△SBRでSRは直径（∠SOR=180°）なので∠SBR=90°

したがって，∠ARB=90°−(∠a+∠b)

よって，∠AOB=180°−2(∠a+∠b)=2{90°−(∠a+∠b)}=2∠ARB

となって，いずれも中心角が円周角の2倍になったんだね。

また，円周角の定理については，逆も成り立つ。

4点 A, B, P, Q について, P, Q が直線 AB の同じ側にあって,
$$\angle APB = \angle AQB$$
ならば, この4点は1つの円周上にある。

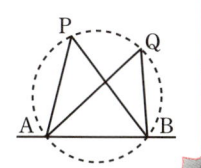

◆円と接線の関係

円と接線の関係も確認しておこう。

Ⅰ 円の接線は, 接点を通る半径に垂直である。(図1)

Ⅱ 円外の1点から, 円に引いた2本の接線の長さは等しい。(図2)

Ⅱでは, 図2において AP=AQ になるといっているんだね。

これは, △APO≡△AQO から導くことができるね。

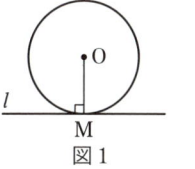

図1 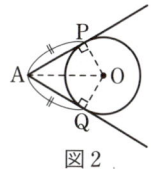　図2

問題1 右の図で円 O は, 直角二等辺三角形 ABC の内接円である。BP=PC=3 のとき, この内接円 O の半径を求めなさい。

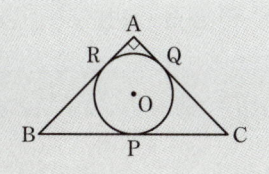

――― 解答・解説 ―――

右の図で, 円外の1点から円に引いた接線の長さは等しいので, AR=AQ, BR=BP=3, CP=CQ=3 だね。

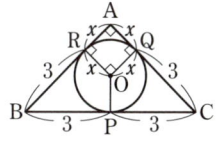

△ABC は, 直角三角形なので, 三平方の定理より

$$(x+3)^2 + (x+3)^2 = 6^2$$
$$x^2 + 6x + 9 + x^2 + 6x + 9 = 36$$
$$2x^2 + 12x - 18 = 0$$
$$x^2 + 6x - 9 = 0$$

2次方程式 $ax^2+bx+c=0$ で b が偶数のときの解の公式

$$x = \frac{-3 \pm \sqrt{3^2 - 1 \cdot (-9)}}{1} = -3 \pm 3\sqrt{2}$$

$x>0$ より, **答** $x = -3 + 3\sqrt{2}$ ← $x = -3 - 3\sqrt{2} < 0$ だね。

2 円に内接する四角形と接弦定理

◆円に内接する四角形の定理

円に内接する四角形の性質は次の通り。

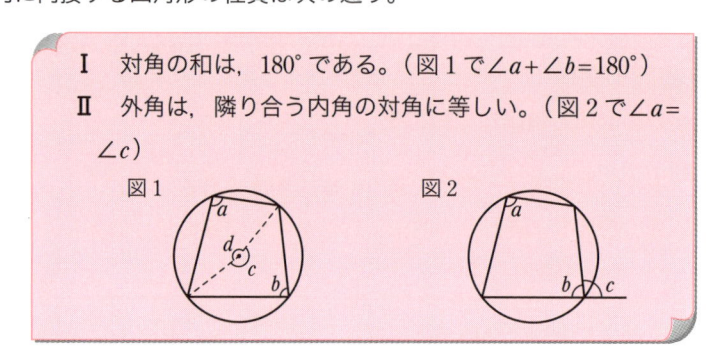

> Ⅰ　対角の和は，180° である。（図1で$\angle a+\angle b=180°$）
>
> Ⅱ　外角は，隣り合う内角の対角に等しい。（図2で$\angle a=\angle c$）
>
> 図1
>
> 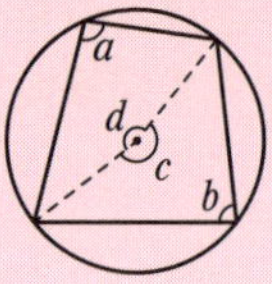
>
>
> 図2
>
> 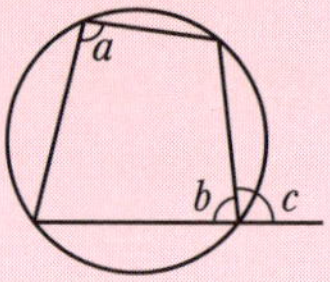
>

これも証明しておこうね。

【証明】

Ⅰ「$\angle a+\angle b=180°$」となることの証明

図1で，円周角の定理より$\angle a=\dfrac{1}{2}\angle c$，$\angle b=\dfrac{1}{2}\angle d$

$$\angle a+\angle b=\frac{1}{2}\angle c+\frac{1}{2}\angle d=\frac{1}{2}\underline{(\angle c+\angle d)}=\frac{1}{2}\times\underline{360°}=180°$$

Ⅱ「$\angle a=\angle c$」となることの証明

図2で，円に内接する四角形では，対角の和は 180° なので

$\angle a+\angle b=180°$…①　また，$\angle c+\angle b=180°$…②

①②より，$\angle a=\angle c$

練習1　次の図で，$\angle x$，$\angle y$ の大きさを求めなさい。

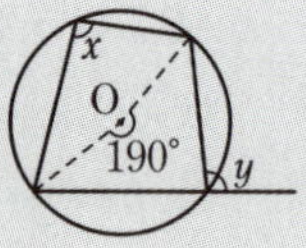

解答

$x=y=95°$ 答

2．円に内接する四角形と接弦定理

◆接弦定理（接線と弦の定理）
接弦定理は次の通り。

> 接線とその接点を通る弦のつくる角は，その角の内部にある弧に対する円周角に等しい。
> ［図1で，接線と弦のつくる角は，その内部にある弧（図の太線部分の弧）に対する円周角に等しい］

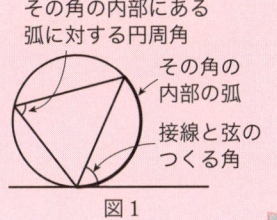

図1

これも証明しておこうね。

【証明】 図2で，円周角の定理より
$\angle a = \angle c$ ……………①
また，$\angle c + \angle d = 90°$ ……②
$\angle b + \angle d = 90°$ ……③
②③より，$\angle b = \angle c$ ……④
①④より，$\angle a = \angle b$

図2

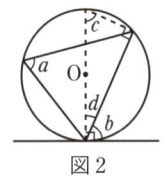

(練習2) 次の図で①$\angle x$，②$\angle y$ の大きさを求めなさい。

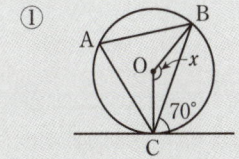

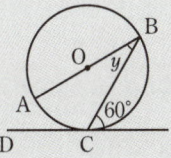

① ②

―解答・解説―

① 接線と弦の定理より，
$\angle A = 70°$，中心角は円周角の2倍なので $\angle x = 140°$ 答

② AとCを結ぶと $\angle ACB = 90°$ なので，$\angle ACD = 30°$
したがって $\angle y = 30°$ 答
になるね。

第5章 平面図形

3 三角形と比の定理

◆三角形と比の定理

中学校の内容の復習をしておくね。

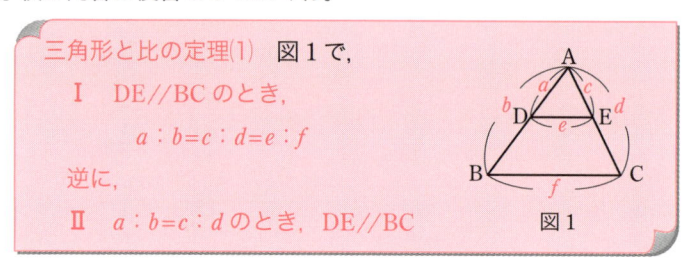

> **三角形と比の定理(1)** 図1で,
> Ⅰ　DE//BC のとき,
> $a:b=c:d=e:f$
> 逆に,
> Ⅱ　$a:b=c:d$ のとき, DE//BC
>
> 図1

Ⅰ　この証明は, △ABC∽△ADE より導かれたね。

　　∠A は共通, ∠ABC=∠ADE（平行線の同位角）より2組の角がそれぞれ等しい。

　　よって, $a:b=c:d=e:f$（対応する辺の比）

Ⅱ　「逆の証明」も, △ABC∽△ADE より導かれるね。

　　∠A は共通, $a:b=c:d$（2組の辺の比が等しくその間の角が等しい）

　　よって, ∠ABC=∠ADE

　　よって, 同位角が等しいので, DE//BC となるね。

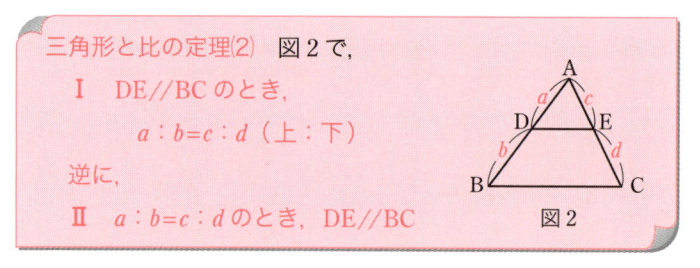

> **三角形と比の定理(2)** 図2で,
> Ⅰ　DE//BC のとき,
> $a:b=c:d$（上：下）
> 逆に,
> Ⅱ　$a:b=c:d$ のとき, DE//BC
>
> 図2

Ⅰ　この証明は, 図1の三角形と比の定理(1)で,

　　例えば, $a:b=c:d=3:5$ とすると, 図2での, $a:b$ と $c:d$ の比は, いずれも, 3:2 となるね。

Ⅱ　「逆の証明」これも, 図2で, $a:b=c:d$（=3:2 と考えて）のとき,

　　　$a:(a+b)=c:(c+d)$　　　（これは, 3:5 になるね。）

　　が成り立つから, 三角形と比の定理(1)の証明と同じになるね。

3．三角形と比の定理

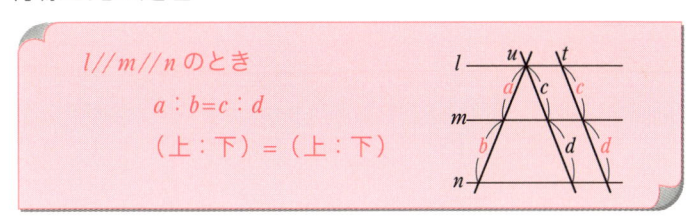

◆平行線と比の定理

> $l // m // n$ のとき
> $a:b=c:d$
> （上：下）＝（上：下）

この証明は，三角形と比の定理(2)とまったく同じ！上図で，直線 t を直線 u のところに平行移動すると，三角形と比の定理(2)と同じだね。この3つの定理は，兄弟みたいなものなので，3つセットにして覚えておくといいよ。

特に，三角形と比の定理(2)と平行線と比の定理については，「上：下＝上：下」と覚えておくといいね。

次で長さを求める問題を練習しよう。

練習3 次の図で，x, y の値を求めなさい。

① DE//BC ② DE//BC ③ $l // m // n$

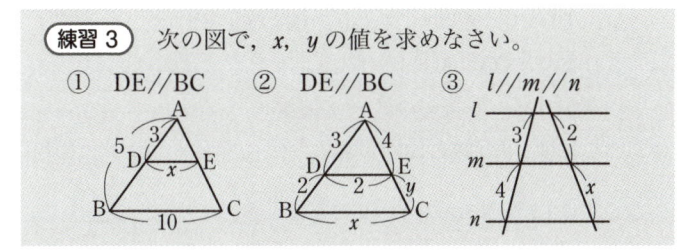

―― 解答・解説 ――

① 三角形と比の定理(1)より $3:5=x:10$

これより $5x=30 \to x=6$ 答

② y から求めよう。三角形と比の定理(2)より $3:2=4:y$ だね。

これより $3y=8 \to y=\dfrac{8}{3}$ 答

x については，三角形と比の定理(2)は使えないね。しかし，三角形と比の定理(1)は使えるね。AB=3+2=5 なので，

$3:5=2:x \to 3x=10 \to x=\dfrac{10}{3}$ 答

③ 平行線と比の定理より $3:4=2:x \to 3x=8 \to x=\dfrac{8}{3}$ 答

第5章 平面図形

練習4 次の図で、x, y の値を求めなさい。

① AB//CD ② $l//m//n$

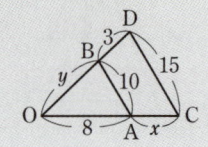

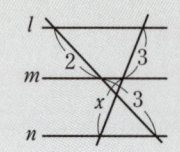

―― 解答・解説 ――

① 三角形と比の定理(1)より，
$$10:15=8:(8+x) \rightarrow 2:3=8:(8+x)$$
$$\rightarrow 2(8+x)=24 \rightarrow 8+x=12 \rightarrow x=4 \text{ 答}$$

※これは，三角形と比の定理(2)を用いることもできるね。

AB：CD＝10：15＝2：3 より，OA：OC＝2：3

これより，OA：AC＝2：1

したがって，2：1＝y：3 → y＝6 答

② これは，平行線と比の定理より，「上：下 ＝ 上：下」を利用して，
$$2:3=3:x \rightarrow 2x=9 \rightarrow x=\frac{9}{2} \text{ 答}$$

図形に関する問題は、中学校の内容もきちんとやっておく必要があるよ！
大学入試センター試験にも出てくるからね。

第6章 命題と集合

1. 集合
2. 命題
3. 必要条件と十分条件

第6章 命題と集合

1 集合

◆集合とは？

はっきりとしたものの集まりを集合という。はっきりと区別がつくものの集まりといった方がいいかな？ 例えば，かっこいい人の集合があったとして，馬場君がこの集合に含まれるかどうかは，はっきりしない。人によって判断の基準が異なるからね。

それに対して，自然数の集合といえば，1や5などは，この集合に含まれるし，2.3や−5などはこの集合には含まれないね。したがって，自然数の集合は，はっきりと区別できるものの集まりになるわけだから，立派な集合といえるんだね。4以下の自然数の集合 A は，次の2つの表し方があるよ。

$A=\{1,\ 2,\ 3,\ 4\}$ ……………………値を具体的に書き並べる方法
$A=\{x \mid x は，4以下の自然数\}$ ……※ x の条件を示す方法

で，上の※は次のように読む。$\{x ただし x は，4以下の自然数\}$

また，1，2，3，4を集合 A の要素ということも覚えておこう。

要素をひとつも持たないものも特別な集合と考えて，空集合といい，ϕ で表す。

練習 1 次の集合を要素を書き並べる方法で表しなさい。
① 12の正の約数
② 2次方程式 $x^2-5x-6=0$ の解

――― 解答 ―――

① 答 $\{1,\ 2,\ 3,\ 4,\ 6,\ 12\}$ ② 答 $\{-1,\ 6\}$

上の問題では，「6」はどちらの集合にも入っているね。

いいところに気がついたね。それについては，次のページをよく読もう。

1. 集合

◆共通部分と和集合

2つの集合 $A=\{x \mid x$ は6の正の約数$\}$, $B=\{x \mid x$ は, 8の正の約数$\}$ があったとすると, $A=\{1, 2, 3, 6\}$, $B=\{1, 2, 4, 8\}$ だね。ここで, 1と2は, 集合 A の要素でもあるし, 集合 B の要素でもあるね。そこで, この1と2を集合 A と集合 B の共通部分といい, $A \cap B$ で表すよ (A 交わり B, A キャップ B などと読む)。$A \cap B = \{1, 2\}$ だね。

これに対して, 1, 2, 3, 4, 6, 8 は, A または B のどちらかの要素になっているね。これを A と B の和集合といい, $A \cup B$ で表すよ (A 結び B, A カップ B などど読む)。下に, 図示しておくね。この図をベン図という。

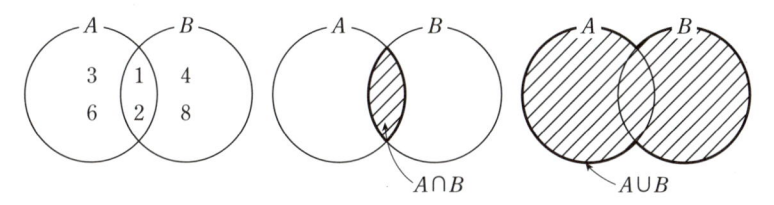

$A \cap B = \{1, 2\}$ $A \cup B = \{1, 2, 3, 4, 6, 8\}$

集合の要素の個数を $n(A)$ で表すよ。上の例で, $n(A)=4$, $n(B)=4$ だね。また $n(A \cap B)=2$, $n(A \cup B)=6$ となるのもいいね。

このことから, 次の重要な性質が導かれるよ。

$$n(A \cup B) = n(A) + n(B) - n(A \cap B)$$

もちろん $n(A \cap B)=0$(個), すなわち $A \cap B = \phi$ のときは,

$$n(A \cup B) = n(A) + n(B)$$

これは, 後に学ぶ**確率の加法定理**にそのままつながっていくんだね。

115

2 命題

「前川先生は，かっこいい」「浦山先生は，美人だ」この2つは，ほとんど真実に近いんだけど，人によっては，違うという人もいるかもしれない。人によって判断の基準が異なるからね。これに対して「$x=3$ ならば $x^2=9$ である」は，絶対的に正しいし，「$x=5$ ならば $2x=7$ である」は，間違いだね。

このように真（正しい），偽（間違い）がはっきりしたものを命題というので覚えておこう。はっきりと判断できるという点では，集合の定義と似ているね。

> **練習2** 次の命題で正しいものを選びなさい。
> ① $x^2=9$ ならば $x=\pm 3$ である。
> ② 正三角形の3つの角は等しい。
> ③ $x=2$ は2次方程式 $x^2-3x+2=0$ の解である。

---- 解答 ----

いずれの命題も真だね。したがって**答**①②③の3つ

ここで学ぶ内容は，僕らの知る限りこれまでの数学検定準2級で出題されたことはないけど，今後出題が予想される分野でもあるので一応学んでおこう。

命題：「$x=3$ ならば $x^2=9$ である」 …①

において，仮定は $x=3$，結論は $x^2=9$ だね。

一般に，「A ならば B」という命題があるとき，仮定と結論を入れ換えたものを**逆**という。また，

「A でないならば，B でない」を**裏**といい，

「B でないならば，A でない」を**対偶（裏の逆）**というよ。

では，上の命題①において，この命題の逆・裏・対偶はそれぞれ次のようになるね。

逆：「$x^2=9$ ならば，$x=3$ である」

裏：「$x\neq 3$ ならば，$x^2\neq 9$ である」

対偶：「$x^2\neq 9$ ならば，$x\neq 3$ である」

そして，もとの命題：「A ならば B」が真ならば，その対偶命題：「B でないならば A でない」も真になるね。**もとの命題とその対偶命題の真偽が一致する**ことは，絶対覚えておこう。その理由は，下の図でわかるよ。

> 命題：「A ならば B」が真であるとき，図1のように A は B に含まれる。
>
> または，一致することもある。
>
> 例として
>
> 　　命題：「$x=3$ ならば $x^2=9$」
>
> で確認しておこう。
>
> 　　集合 A（$x=3$）と
>
> 　　集合 B（$x^2=9$ すなわち $x=\pm 3$）
>
> の関係は図2のようになるね。この図から，
>
> 　　命題：「A ならば B」の
>
> 　　対偶命題：「B でないならば A でない」
>
> も真であることがわかったね。B でないということは，B の外側ということなので，絶対に A ではないね。

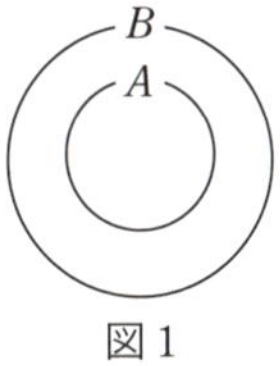

図1

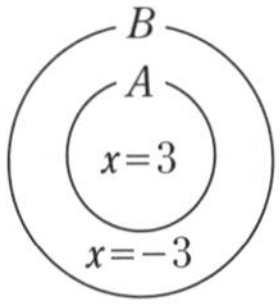

図2

練習3 次の命題の逆・対偶を述べ，その真偽も述べなさい。

命題：「$x=2$ ならば $x^2=4$ である」

―― 解答・解説 ――

答 逆：「$x^2=4$ ならば $x=2$ である」これは，偽

$x^2=4$ ならば $x=\pm 2$ だからね。

答 対偶：「$x^2\neq 4$ ならば $x\neq 2$ である」これは，真

もとの命題も真なので，その対偶命題も当然真になるね。

3 必要条件と十分条件

A ならば B（以下 $A \to B$ と書く）であるとき，

A を B であるための十分条件，B を A であるための必要条件

という。これは，次のように覚えるといいよ。

右の図で，N は方角の北を表し，S は南を表すね。
また，$N \cdot S$ には，それぞれ，

$N : Necessary$（必要），

$S : Sufficient$（十分な）

の意味がある。

NS図

$$B \uparrow \quad N \uparrow$$
$$A \quad\quad S$$

したがって，○(S) → □(N) のとき，○を□であるための十分条件といい，□を○であるための必要条件ということも覚えやすいと思うよ。

すなわち，命題：「$x=3 \to x^2=9$ である」で，

$x=3$ は，$x^2=9$ であるための十分条件

$x^2=9$ は，$x=3$ であるための必要条件

ということになるね。必要条件と十分条件は，なかなか覚えられないけど，*N・S図*で覚えておけば大丈夫だね。

次に，

命題：「$x=\pm 3$ ならば $x^2=9$」 ……①

では，「$x=\pm 3 \to x^2=9$」なので，$x=\pm 3$ は，$x^2=9$ であるための十分条件になるね。

また，①の命題の逆：「$x^2=9 \to x=\pm 3$」も成り立つので，$x=\pm 3$ は，$x^2=9$ であるための必要条件にもなっている。したがって，$x=\pm 3$ は，$x^2=9$ であるための必要十分条件であるというんだ。

"N（必要）"と"S（十分）"だから，これは覚えやすいね!!

第7章

場合の数と確率

1. 順列と組み合わせ
2. 同じものを含むものの順列
3. 確率
4. 独立な試行の確率
5. 反復試行の確率
6. 確率の加法定理
7. 期待値

第7章 場合の数と確率

1 順列と組み合わせ

◆中学校の復習

　これから，場合の数や確率について学んでいこう。中学校では樹形図について学んだと思うけど，まずその復習からはじめていこう。

> **練習1** 3人の生徒が1列に並ぶ。並び方は全部で何通りあるか答えなさい。

――解答・解説――

　3人の生徒をA，B，Cとすると，樹形図は左下のようになるね。

1番目 2番目 3番目

A＜B―C
　　C―B
B＜A―C
　　C―A
C＜A―B
　　B―A

したがって，3人が1列に並ぶとき

(A, B, C), (A, C, B)
(B, A, C), (B, C, A)
(C, A, B), (C, B, A)

の6通り**答**の並び方があるんだね。

> **練習2** 5人の生徒から2人の委員を選ぶ。選び方は何通りあるか答えなさい。

――解答・解説――

　5人の生徒を，A, B, C, D, Eとして，具体的に書き出してみると，

(A, B), (A, C), (A, D), (A, E)
(B, C), (B, D), (B, E)
(C, D), (C, E)
(D, E)

の10通り**答**の選び方がある。これは大丈夫だね。

　ところで，「5人の生徒が一列に並ぶときの並び方の総数」とか，「30人中2人の委員を選ぶときの選び方の総数」を求めるときなどに，樹形図などを書いて求めていたらとても大変になる。実際，それぞれ120通りと435通りもあるんだね。

1．順列と組み合わせ

　場合の数を求めるとき，樹形図を書くことが基本だけれども，計算で求められるときには，計算して求めた方が楽だよね。数学Ⅰ・Aでは，計算による場合の数の求め方について学んでいくことになるよ。

　確率については，ある事柄が起こる確率 P は，

$$P=\frac{その事柄が起こる場合の数}{起こりうるすべての場合の数}$$

で求められることも学んでいるね。

　練習3　サイコロを1回振って，偶数の目が出る確率を求めなさい。

── 解答・解説 ──

　起こりうるすべての場合の数は，1，2，3，4，5，6 の 6 通り，そのうち偶数となるのは，2，4，6 の 3 通りだから，求める確率 P は，

$$P=\frac{3}{6}=\frac{1}{2} \ \text{答}$$

となるね。

　確率 P の範囲については，$0 \leqq P \leqq 1$ だったね。

　サイコロを1回振って，「7の目が出る確率」は0だし，「1か2か3か4か5か6の目の出る確率」は1だね。絶対に起こらない確率が0で，必ず起こる確率が1ということだね。

　さらに，ある事柄が起こる確率が P のとき，ある事柄が起こらない確率は，$1-P$ で求められたね。

　サイコロを1回振って，3の倍数の目が出る確率は，$\dfrac{2}{6}=\dfrac{1}{3}$ なので，3の倍数の目が出ない確率は，$1-\dfrac{1}{3}=\dfrac{2}{3}$ となるね。

　以上が中学校で学んだことだけど，これらはすべてこれからの学習でそのまま使えるよ。

第7章　場合の数と確率

◆和の法則・積の法則

はじめに,「試行」と「事象」という言葉を覚えよう。

「サイコロを振る」,「カードを引く」,「じゃんけんをする」…などのような行為を「**試行**」といい,「3の目が出た」,「ハートを引いた」…というように,「ある試行を行った結果」を「**事象**」という。

次に, 重要な**和の法則**と**積の法則**を理解しよう。

【1】和の法則

> 事象 A の起こり方が m 通りあり, 事象 B の起こり方が n 通りある。事象 A と事象 B は同時に起こらないとき, 事象 A または事象 B が起こる場合の数は, $m+n$ 通りとなる。これを**和の法則**という。

(練習4)　大小2つのサイコロを振って, 目の数の和が5または6となるのは何通りあるか答えなさい。

――― 解答・解説 ―――

大小2つのサイコロを振るという**試行**で, 目の数の和が5になる**事象**を A, 目の数の和が6になる**事象**を B とする。

　事象 A は, $(1, 4), (2, 3), (3, 2), (4, 1)$ の4通り

　事象 B は, $(1, 5), (2, 4), (3, 3), (4, 2), (5, 1)$ の5通り

また, 事象 A と事象 B は, 同時には起こらないので, 求める場合の数は, $n(A)+n(B)=4+5=9$ 通りとなる。

これも中学校でやっているね。

$n(A)$ とは, 事象 A が起こる場合の数を表す。この表現は今後たくさん出てくるので, しっかり覚えておいてほしい。

【2】積の法則

> 事象 A の起こり方が m 通りあり，それぞれについて事象 B の起こり方が n 通りあるとき，事象 A と事象 B がともに起こる場合の数は，mn 通りとなる。これを**積の法則**という。

右の図のようにＡ町からＢ町までは，①から③までの３本の道，Ｂ町からＣ町までは④・⑤の２本の道があるとき，Ａ町からＢ町を通ってＣ町まで行くときの行き方の総数を求めてみよう。

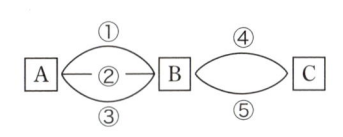

樹形図は，下のようになるね。

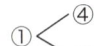

① ④
    ⑤
② ④
    ⑤
③ ④
    ⑤

Ａ町からＢ町までは，①～③の３通りあり，Ｂ町からＣ町までは①～③のそれぞれに対して，④，⑤の２通りあるので，Ａ町からＣ町までの行き方は 3×2=6 とかけ算で求めることができるね。

これが積の法則の使い方なんだね。

練習5 次の問いに答えなさい。
① 大中小３個のサイコロを同時に振るとき，目の出方は全部で何通りあるか。
② 男子３人，女子２人の中からそれぞれ１人ずつ選ぶとき，選び方の総数は何通りか。

―解答・解説―

① 大の目の出方は６通り，それぞれの目で中の目の出方も６通り，同様に小の目も６通りなので，積の法則より，6×6×6=216 通り 答
② 男子の選び方は３通り，それぞれについて女子の選び方は２通りなので，積の法則より，3×2=6 通り 答 だね。

◆ $n!$

120ページの練習1を計算で求めてみよう。もう一度問題を書くね。

> **練習6**　3人の生徒が1列に並ぶ。並び方は全部で何通りあるか答えなさい。

── 解答・解説 ──

　　樹形図を書いて求めると，全部で6通りあったね。これを，計算で求めると，「$3×2×1=6$」で求められることはわかるかな？最後の ×1 は，書いても書かなくても同じだけど，一応書く習慣をつけておこう。

　　理由は，1番目はAかBかCの3通り。

　　　　2番目にくるのは，例えばAが1番目にきたとき，Aを除いたBかCの2通り，B・Cが先頭にきても同様だね。

　　　　3番目にくるのは，1・2番目にきた2人を除く1通り。

　　よって，積の法則より $3×2×1=6$ 通り🈷として求めることができたね。

> **練習7**　次の問いに答えなさい。
> ① 4人が1列に並ぶときの並び方の総数を求めなさい。
> ② A，B，C，D，Eの5つの文字を1列に並べるときの並び方は全部で何通りあるか答えなさい。

── 解答・解説 ──

① 4人の生徒をA，B，C，Dとすると，1列に並ぶとき1番目にくるのは，A，B，C，Dの4通り，2番目にくるのは，1番目にきた1人を除いた3通り，3番目にくるのは，1・2番目にきた2人を除いた2通り，最後にくるのは，1・2・3番目にきた3人を除いた1通りだけになるね。したがって積の法則から，$4×3×2×1=24$ 通り🈷。参考のため，右上に，Aが1番目（B・C・Dが1番目にきても同様だな）にきたときの樹形図を書いておくよ。

```
        B < C — D
            D — C
A < C < B — D
        D — B
    D < B — C
        C — B
```
B・C・Dが先頭でも上と同様

② こちらも積の法則より，5×4×3×2×1=120通り答。

5×4×3×2×1を **5!** (**5の階乗と読む**)と書くことを覚えておこう。

5からスタートして4・3・2・1と階段を1段ずつ下りるように数が小さくなっていて，それらの数の**乗法**になっているので階乗というんだね。したがって，

> n個の異なるものを1列に並べるときの並び方の総数は，$n!$

ということになるね。

$$n! = n \cdot (n-1) \cdot (n-2) \cdots\cdots 3 \cdot 2 \cdot 1$$

となることもいいね。nからスタートして，数が1つずつ小さくなるわけだからね。

◆順列

さっそく，次の問題を考えてみよう。

> **練習8** 5人中，2人が1列に並ぶときの並び方の総数を求めなさい。

―― 解答・解説 ――

5人の生徒をA，B，C，D，Eとするよ。このうち2人が1列に並ぶとき，1番目にくるのは，A，B，C，D，Eの5通り，2番目にくるのは先頭にきた1人を除いた4人になるね（例えば，Aが先頭にきたとして，2番目にくるのは，B，C，D，Eの4人だね。B，C，D，Eが先頭にきても2番目にくるのは，先頭にきた1人を除いた4人になるね）。

したがって，求める場合の数は，積の法則より 5×4=20 通り答となるね。

> **練習9** A，B，C，Dと書かれた4枚のカードのうち3枚を1列に並べるときの並べ方の総数を求めなさい。

―― 解答・解説 ――

上の問題と同様に考えて，先頭にくるのは4通り，2番目は3通り，3番目は2通りなので，積の法則より，4×3×2=24 通り答。

第7章 場合の数と確率

　一般に，n 個の異なるものから r 個を1列に並べたときの並べ方の総数を，n 個から r 個をとる順列といい $_nP_r$ で表すよ。ところで，$_nP_r$ の P は，パーミテーションと読み，順列を意味するよ。

　順列とは，順をもって並ぶということだね。

　前ページの2つの例をもう一度書くね。

> **練習8**　5人中，2人が1列に並ぶときの並び方の総数を求めなさい。

> **練習9**　A，B，C，Dと書かれた4枚のカードのうち3枚を1列に並べるときの並べ方の総数を求めなさい。

練習8と練習9の問題をこの記号 P を使って書いてみよう。

練習8は，$_5P_2 = 5 \times 4 = 20$

練習9は，$_4P_3 = 4 \times 3 \times 2 = 24$

として求められるけど，この計算の方法について次に書いておくね。

※ $_5P_2$ は，「5 ピー 2」と読むことにしよう。

　　　　　順列の計算公式は便利だわね。

　ここで，公式 $_nP_r$ の使い方を書いておくね。

$_5P_2$ を例にとるね。これは，5個の異なるものから2つを並べるわけだから積の法則より，5×4 で求められたんだね。したがって，次の図で理解しておくといいよ。

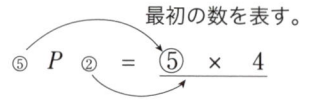

　　　　　　　　　最初の数を表す。
　　　　$_5P_2 = 5 \times 4$
　　　　　　　　これは，かけ合わせる数の個数を表すよ。
　　　　　　　　かけ合わせる数は，ここでは5と4の2個だね。

1．順列と組み合わせ

$_4P_3$ の場合でも同様に下のようになるよ。

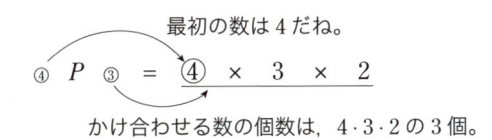

最初の数は 4 だね。

$$_4P_3 = 4 \times 3 \times 2$$

かけ合わせる数の個数は，$4 \cdot 3 \cdot 2$ の 3 個。

これで，この公式の使い方はわかったかな？
$n!$ も含めて少し計算の練習をしてみよう。

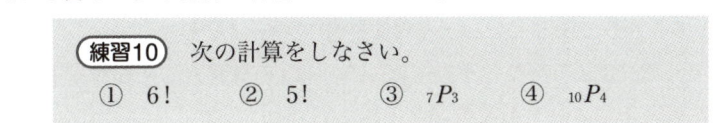

> **練習10** 次の計算をしなさい。
> ① 6! ② 5! ③ $_7P_3$ ④ $_{10}P_4$

――― 解答・解説 ―――

① $6! = 6 \cdot 5 \cdot 4 \cdot 3 \cdot 2 \cdot 1 = 720$ 答

② $5! = 5 \cdot 4 \cdot 3 \cdot 2 \cdot 1 = 120$ 答

③ $_7P_3 = 7 \cdot 6 \cdot 5 = 210$ 答

④ $_{10}P_4 = 10 \cdot 9 \cdot 8 \cdot 7 = 5040$ 答

①から 6 人の生徒が 1 列に並ぶときの総数は 720 通りもあるんだね。それにしても多いね。

> この計算はきちんとやっておきなさい。基本だからね。

第7章　場合の数と確率

◆組み合わせ

　順列がわかったところで、組み合わせについて考えていこう。

　3人の生徒から2人を選ぶときの選び方の総数を考えてみよう。

　異なる3つのものから2つを選び出すときの選び方の総数を $_3C_2$ で表す。$_3C_2$ の C はコンビネーションと読み、組み合わせを意味するよ。

　※ $_3C_2$ は、「3 シー 2」と読むことにしよう。

ところで、A、B、Cの3人から2人を選ぶときの選び方は、(A, B)、(A, C)、(B, C)の3通りであることは、すでに中学でやっているね。

　よって、$_3C_2=3$ なんだね。それでは、この $_3C_2$ の計算方法を理解しようね！ここでの考え方は、とても重要だよ！

　これもまず、A、B、Cの3人の中から2人を1列に並べると、

$$\underbrace{\overbrace{(A, B)\ (B, A)}\ \overbrace{(A, C)\ (C, A)}\ \overbrace{(B, C)\ (C, B)}}_{_3P_2 \text{の6通り}}$$

　このうち、(A, B) と (B, A) は、順列としては別物だけど、組み合わせとしては1通りだね。(A, C) と (C, A)、(B, C) と (C, B) についても同様に1通りだね。

　すなわち、$_3P_2=6$ 通りの中に、$2!=2\cdot 1=2$ だけ、同じものが含まれていたので、$_3P_2$ を $2!$ で割るといいわけだ。

　よって、$_3C_2 = \dfrac{_3P_2}{2!} = \dfrac{3\cdot 2}{2\cdot 1} = 3$ と求めることができるね。

　6人の生徒で特定の2人ずつのグループを作るとき、3グループできるのと同じ考え方だね。

　a, b, c の3人が1列に並ぶときには $_3P_3$（または $3!$）$=6$ 通りだけど、a, b, c の3人から3人を選ぶ選び方は1通りだね。これも $_3P_3$ を $3!$（3人の並べ替えの総数）で割ることで求められるね。

　すなわち $_3C_3 = \dfrac{_3P_3}{3!} = \dfrac{3\cdot 2\cdot 1}{3\cdot 2\cdot 1} = 1$ だね。

以上のことから，

> **組み合わせの公式** $\quad {}_nC_r = \dfrac{{}_nP_r}{r!}$

が理解できるね。

n 個の異なるものから r 個を選ぶときの組み合わせの総数は，まず n 個のうち r 個を選んで 1 列に並べる（${}_nP_r$）。その際，この中に r 個の並び替えの総数分（$r!$）だけ同じものが含まれるので，$r!$ で割る。というのがこの公式の意味なんだね。この考え方はとても重要だよ。

計算練習もかねて，次の問題で練習してみよう。

> **練習11** 次の問いに答えなさい。
> ① 7人の生徒から2人の生徒を選ぶときの選び方は，全部で何通りあるか。
> ② A, B, C, D, E と書かれた5枚のカードから3枚を選び出すときの選び方は全部で何通りあるか。
> ③ A, B, C, D, E と書かれた5枚のカードから2枚を選び出すときの選び方は全部で何通りあるか。

―― 解答・解説 ――

① $\quad {}_7C_2 = \dfrac{{}_7P_2}{2!} = \dfrac{7\cdot 6}{2\cdot 1} = 21$ 通り **答**

② $\quad {}_5C_3 = \dfrac{{}_5P_3}{3!} = \dfrac{5\cdot 4\cdot 3}{3\cdot 2\cdot 1} = 10$ 通り **答**

③ $\quad {}_5C_2 = \dfrac{{}_5P_2}{2!} = \dfrac{5\cdot 4}{2\cdot 1} = 10$ 通り **答**

上の②，③で，${}_5C_3 = {}_5C_2 = 10$ となったね。これは，5個から3個を選ぶことは，残りの2個を選ぶことと同じだからね。

例えば，${}_{10}C_8$ の値を求めるときには，${}_{10}C_2$ の値を求めればいいわけだね。これは知っておくと便利だよ。

第7章　場合の数と確率

この組み合わせの考え方と，積の法則を使うといろいろな問題を解くことができる。はじめて学ぶときには少し難しいと感じるけど，頑張ってやってみよう。

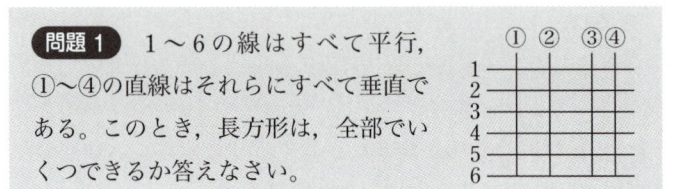

> **問題1**　1～6の線はすべて平行，①～④の直線はそれらにすべて垂直である。このとき，長方形は，全部でいくつできるか答えなさい。

―― 解答・解説 ――

これは，$_6C_2 \times {}_4C_2 = 15 \times 6 = 90$ と求めることができるよ。なぜかわかるかな？

まず，横の線1～6から2本を選ぶときの選び方の総数は，$_6C_2$ すなわち，15通りだね。ここで，例えば1と2の横線を選んだとしよう。このとき縦の線の選び方は，$_4C_2$ すなわち6通りあるね。

具体的には，(①，②)，(①，③)，(①，④)，(②，③)，(②，④)，(③，④)の6通りだね。

したがって，積の法則より，

$$\underset{6本から2本を選ぶ}{_6C_2} \times \underset{4本から2本を選ぶ}{_4C_2} = 15 \times 6 = 90 \ \text{答}$$

と求めることができるわけだ。

> **問題2**　9人の生徒を次のように分けるとき，分け方の総数は何通りか答えなさい。
> ①　Aグループに3人，Bグループに3人，Cグループに3人
> ②　3人ずつ3つのグループに分ける。

130

1．順列と組み合わせ

───解答・解説───

① まず，Aグループに入る3人は，9人から3人を選ぶので

$$_9C_3 = \frac{9\cdot 8\cdot 7}{3\cdot 2\cdot 1} = 84 \text{通り}$$

次に，Bグループに入る3人は，残りの6人から3人を選ぶので

$$_6C_3 = \frac{6\cdot 5\cdot 4}{3\cdot 2\cdot 1} = 20 \text{通り}$$

最後に，Cグループの3人は，残りの3人から3人を選ぶので

$$_3C_3 = \frac{3\cdot 2\cdot 1}{3\cdot 2\cdot 1} = 1 \text{通り}$$

以上をまとめると，Aに入るのが84通りあって，それらのそれぞれに対してBに入るのが20通り，それらのそれぞれに対してCに入るのが1通りなので，積の法則より

$$_9C_3 \times {_6C_3} \times {_3C_3} = 84 \times 20 \times 1 = 1680 \text{通り} 答$$

と求めることができる。

② 3人ずつ3つのグループに分ける場合，次の例を考えてみよう。
9人の生徒を①，②，③，④，⑤，⑥，⑦，⑧，⑨とすると，

Aグループ	Bグループ	Cグループ
(①, ②, ③)	(④, ⑤, ⑥)	(⑦, ⑧, ⑨)
(①, ②, ③)	(⑦, ⑧, ⑨)	(④, ⑤, ⑥)
(④, ⑤, ⑥)	(①, ②, ③)	(⑦, ⑧, ⑨)
(④, ⑤, ⑥)	(⑦, ⑧, ⑨)	(①, ②, ③)
(⑦, ⑧, ⑨)	(①, ②, ③)	(④, ⑤, ⑥)
(⑦, ⑧, ⑨)	(④, ⑤, ⑥)	(①, ②, ③)

A，B，Cの3つのグループに分けるときには，これら6通りは別々だけど，3つのグループに分けるときこれらは，1通りになるね。したがって，さっき求めた1680通りの中に，3!（3つのグループの並び替え）の分だけ同じものが含まれていたんだね。よって，

$$\frac{_9C_3 \times {_6C_3} \times {_3C_3}}{3!} = \frac{1680}{3\cdot 2\cdot 1} = 280 \text{通り} 答$$

第7章 場合の数と確率

2 同じものを含むものの順列

◆同じものを含むものの順列公式 $\dfrac{n!}{p!\,q!\,r!\cdots}$

　順列 $_nP_r$ と組み合わせ $_nC_r$ の計算方法については慣れてきたね。大切なことは、$_nC_r$ を求めるときには $_nP_r$ を $r!$ で割るということ。場合の数ではこの考え方がとても大切になるよ。この考えで、上の公式も理解できるよ。

　では、次の問題を考えてみよう。

> **問題3**　3個の赤玉と2個の白玉を1列に並べるとき、並び方は全部で何通りあるか答えなさい。

―― 解答・解説 ――

　赤玉を□、白玉を○で表すとすると、この問題では $\boxed{1}\boxed{2}\boxed{3}①②$ の5個を1列に並べるとき、すべての玉が別々のものと考える並べ方は全部で5!通りあるね。

　しかしここで、$\boxed{1}\boxed{2}\boxed{3}$、$\boxed{1}\boxed{3}\boxed{2}$、$\boxed{2}\boxed{1}\boxed{3}$、$\boxed{2}\boxed{3}\boxed{1}$、$\boxed{3}\boxed{1}\boxed{2}$、$\boxed{3}\boxed{2}\boxed{1}$ の並べ方については、すべて赤玉3個が並んでいることになるので、並び方としては1つだね。したがって、3個同じものがあったら3!通り分だけ、同じ並び方が出てくるわけだ。すなわち、5!をまず3!で割らないといけないんだ。次に①②、②①という白玉2個の並び方も1通りと考えることができるね。よってさらに、5!を2!で割らないといけない。つまり、この問題の答えは次のようにして求めるんだね。

$$\underset{\substack{\uparrow\\\text{赤玉3個の並び替えの分だけ同じものが含まれる。}}}{\dfrac{\overset{\text{5個を別々のものと考えて1列に並べる。}}{5!}}{3!\,2!}}\;\leftarrow\text{白玉2個の並び替えの分だけ同じものが含まれる。}$$

10通り　答

2. 同じものを含むものの順列

以上のことから，

> n個のうちp個は同じもの，q個は同じもの，r個は同じもの，……であるものを1列に並べるときの並べ方は全部で
> $$\frac{n!}{p!\,q!\,r!\cdots} \quad (ただし，n=p+q+r\cdots) 通り$$

あることがわかるね。さっそく，練習してみよう。

問題 4 次の問いに答えなさい。
① Aが4枚，Bが2枚書かれた6枚のカードがある。これを1列に並べるときの並べ方は全部で何通りあるか。
② URAYAMA の7つの文字を1列に並べるときの並べ方は全部で何通りあるか。
③ 1113322 の7つの数字を使って7桁の整数を作りたい。整数は全部でいくつできるか。

── 解答・解説 ──

① まず6枚のカードを別のものとみて1列に並べよう（6!）。
この中に4!分および2!分，同じものが含まれているので，4!×2!で割ればいいね。

すなわち $\dfrac{6!}{4!\cdot 2!} = \dfrac{{}^3\!6\cdot 5\cdot 4\cdot 3\cdot 2\cdot 1}{4\cdot 3\cdot 2\cdot 1\cdot 2\cdot 1} = 15$ 通り 【答】

② 7つの文字のうち，同じ文字 "A" が3つ含まれているので

$$\dfrac{7!}{3!} = \dfrac{7\cdot 6\cdot 5\cdot 4\cdot 3\cdot 2\cdot 1}{3\cdot 2\cdot 1} = 840 \text{ 通り}$$ 【答】

③ 7つの数字のうち3つは同じもの，また同じ数字が2つずつ2種類含まれているので，

$$\dfrac{7!}{3!\cdot 2!\cdot 2!} = \dfrac{7\cdot 6\cdot 5\cdot 4\cdot 3\cdot 2\cdot 1}{3\cdot 2\cdot 1\cdot 2\cdot 1\cdot 2\cdot 1} = 210 \text{ 通り}$$ 【答】

3 確率

サイコロを1回振って3の目が出る確率は，全部で6通りの目の出方があって，そのうち3の目が出るのは1通りなので，求める確率は $\frac{1}{6}$ として求めたね。確率の一般的な定義を下に書くよ。

> 起こりうるすべての場合の数を $n(U)$，事象 A が起こる場合の数を $n(A)$，事象 A が起こる確率を $P(A)$ とすると，
> $$P(A) = \frac{n(A)}{n(U)}$$

これまで学んだ和の法則，積の法則，順列，組み合わせの考え方を用いて，いくつか問題を解いてみよう。

問題5 赤玉3個，白玉2個が入った袋から3個を取り出すとき，次の問いに答えなさい。
① すべて赤玉となる確率を求めなさい。
② 赤玉が2個，白玉が1個となる確率を求めなさい。
③ 赤玉が1個，白玉が2個となる確率を求めなさい。

――― 解答・解説 ―――

① 5個に1～5の番号をつけるね。1～3を赤玉，4～5を白玉とするね。この5個から3個の取り出し方の総数は $_5C_3 = 10$ 通り。このうち，すべて赤玉となるのは，1～3から3個を選べばいいね。したがって，$_3C_3 = 1$ 通りのみ。
よって，求める確率 P は，
$$P = \frac{_3C_3}{_5C_3} = \frac{1}{10} \; 答$$

②　取り出した3個のうち，2個が赤玉，1個が白玉となるのは，赤玉1～3から2個を選んで，白玉4～5から1個を選べばよい。したがって，積の法則より，

$$\underset{\text{赤玉1～3から2個選ぶ}}{{}_3C_2} \times \underset{\text{白玉4～5から1個選ぶ}}{{}_2C_1} = 3 \times 2 = 6 \text{ 通り}$$

よって，求める確率は

$$\frac{{}_3C_2 \times {}_2C_1}{{}_5C_3} = \frac{3 \times 2}{10} = \frac{6}{10} = \frac{3}{5} \; 答$$

③　取り出した3個のうち，1個が赤玉，2個が白玉となるのは，赤玉1～3から1個を選んで，白玉4～5から2個を選べばよい。したがって，積の法則より，

$$\underset{\text{赤玉1～3から1個選ぶ}}{{}_3C_1} \times \underset{\text{白玉4～5から2個選ぶ}}{{}_2C_2} = 3 \times 1 = 3 \text{ 通り}$$

よって，求める確率は

$$\frac{{}_3C_1 \times {}_2C_2}{{}_5C_3} = \frac{3 \times 1}{10} = \frac{3}{10} \; 答$$

中学校で学んだ確率と比べると，ずいぶんレベルが高くなってきたけど，数学Ⅰ・Aでは，積の法則や和の法則を積極的に活用することがポイントとなるね。場合の数や確率の勉強では，常にこのことを頭においておくことが大切なんだ。

4 独立な試行の確率

確率の求め方に少しは慣れてきたかな？

ここでは，**独立な試行の確率**について学んでいくね。**独立な試行とは，互いにまったく影響を与えない試行**のことで，例えば，

　　① 1個のサイコロを振って，
　　② 1〜5までの数字が書かれたカードから1枚を選んで，
　　③ 5個のうち3個の赤玉と2個の白玉が入った袋から，玉を1個取り出す。

としよう。

このとき，上記の①〜③の試行は，ほかにまったく影響を及ぼさないね。次に出てくる前川君の例で，独立な試行の意味をしっかり理解していこうね。

前川君は，① 赤玉2個，白玉1個が入った袋から1個を選び，
　　　　　② 1個のサイコロを1回振った。

としよう。

前川君が「袋から玉を1個選ぶ」ことと「サイコロを振る」ことはまったく関係ないね。例えば，前川君が①で赤玉を選んだとしても，②で3の目が出やすくなることはあり得ないね。すなわち，①・②は，お互いにまったく影響を与えないんだね。こういう試行を**独立な試行**というわけだね。わかったかな？ それでは，具体的に，

| 前川君が①で赤玉を選び，②で3の目が出る確率 | を求めてみよう。

この確率は次のかけ算で求められる。

$$\frac{2}{3} \times \frac{1}{6} = \frac{1}{9}$$

（赤玉を選ぶ確率）×（3の目が出る確率）

かけ算で求められる理由を次のページに図で示すね。

4. 独立な試行の確率

まず樹形図が、次のようになるのはいいね。

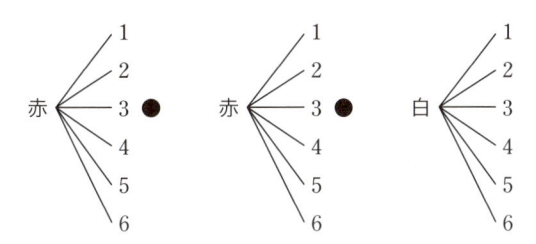

```
赤 <1,2,3●,4,5,6    赤 <1,2,3●,4,5,6    白 <1,2,3,4,5,6
```

上の図からわかるように、玉の取り出し方は、赤・赤・白の3通りだね。次に、サイコロの目の出方は1〜6の6通り、すなわち積の法則より、3×6=18通りが、この事象の起こりうるすべての場合の数になる。このうち、赤玉を選んで、サイコロの3の目が出るのは2通り（上図の●の部分）なので、求める確率は、$\dfrac{2}{18}=\dfrac{1}{9}$ となって、前ページの計算の結果と同じだね。

それでは、上の樹形図を次のように書き換えるね。

「Aを出発して、Bを経由してCまで移動する」と考える。これならば、わかりやすいね。

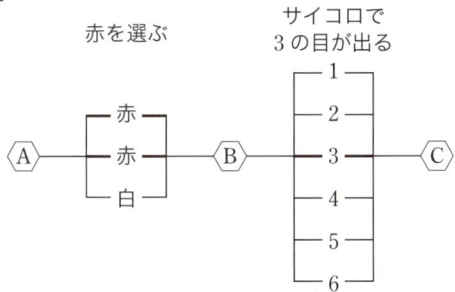

　　　　　赤を選ぶ　　　　　サイコロで
　　　　　　　　　　　　　　3の目が出る

Ⓐ ──[赤,赤,白]── Ⓑ ──[1,2,3,4,5,6]── Ⓒ

　　赤玉を選ぶ確率　　3の目が出る確率
　　　　$\dfrac{2}{3}$　　　　　　　$\dfrac{1}{6}$

この2つの分母の積が、起こりうるすべての場合の数で、分子の積が、「赤玉を選び、3の目が出る」という事象の起こる場合の数になるね。したがって、**独立な試行の確率は、かけ算で求められる**ことが理解できたね。

第7章 場合の数と確率

問題6 択一式の問題でランダムに答えを選ぶとき，問1が正解である確率は $\dfrac{1}{2}$，問2が正解である確率は $\dfrac{1}{3}$ である。

このとき，次の問いに答えなさい。
① 問1を間違える確率を求めなさい。
② 問2を間違える確率を求めなさい。
③ 問1も問2も正解である確率を求めなさい。
④ 問1が正解で，問2を間違える確率を求めなさい。
⑤ 問1が間違いで，問2が正解である確率を求めなさい。
⑥ 問1も問2も間違いである確率を求めなさい。

──解答・解説──

問1と問2は独立な試行だね。したがって，③〜⑥はいずれもかけ算で求めることができるね。

① 正解である確率が，$\dfrac{1}{2}$ なので間違える確率は $1-\dfrac{1}{2}=\dfrac{1}{2}$ 答

② 正解である確率が，$\dfrac{1}{3}$ なので間違える確率は $1-\dfrac{1}{3}=\dfrac{2}{3}$ 答

③ 問1が正解であることと，問2が正解であることとはまったく関係ないので，独立な試行の確率より，

$$\dfrac{1}{2}\times\dfrac{1}{3}=\dfrac{1}{6} \text{ 答}$$

④⑤⑥についてもすべて独立な試行の確率だね。
したがって，次の計算で求められるね。

④ $\dfrac{1}{2}\times\dfrac{2}{3}=\dfrac{1}{3}$ 答　　⑤ $\dfrac{1}{2}\times\dfrac{1}{3}=\dfrac{1}{6}$ 答　　⑥ $\dfrac{1}{2}\times\dfrac{2}{3}=\dfrac{1}{3}$ 答

5 反復試行の確率

反復試行とは，まったく**同じ試行を何回か繰り返す試行**のことをいう。これから反復試行の確率について学んでいくよ。次の問題を考えよう。

> **問題7** 択一式の問題が，①〜⑤まである。ランダムに答えを選ぶとき，いずれの問題でも正解する確率は $\dfrac{1}{3}$ である。
>
> ① ①と②だけが正解である確率を求めなさい。
> ② 5問中2問だけ正解する確率を求めなさい。

――解答・解説――

① ①と②が正解で，③から⑤までは，不正解なので，独立な試行の確率より，$\dfrac{1}{3} \times \dfrac{1}{3} \times \dfrac{2}{3} \times \dfrac{2}{3} \times \dfrac{2}{3} = \left(\dfrac{1}{3}\right)^2 \times \left(\dfrac{2}{3}\right)^3 = \dfrac{8}{243}$

①：○　②：○　③：×　④：×　⑤：×

ここでは，問題を解くという独立な試行を5回（問1から問5まで）繰り返したわけなんだね。

② 5問中2問正解するのは，

(①, ②), (①, ③), (①, ④), (①, ⑤), (②, ③),
(②, ④), (②, ⑤), (③, ④), (③, ⑤), (④, ⑤)

の10通りあることがわかるでしょう。この10通りは，${}_5C_2$ で求められるね。

また，これらの起こる確率は，すべて①で求めた $\dfrac{8}{243}$ なのもわかるね。

しかも，これらは同時には起こらないので，${}_5C_2$ をかける必要があるね。

よって求める確率は，

$${}_5C_2 \times \left(\dfrac{1}{3}\right)^2 \times \left(\dfrac{2}{3}\right)^3 = \dfrac{5 \cdot 4}{2 \cdot 1} \times \dfrac{8}{243} = \dfrac{80}{243}$$ **答** となるね。

6 確率の加法定理

> **問題8** 1〜20までの整数が書かれた20枚のカードから1枚を引くとき，引いたカードが3の倍数または5の倍数となる確率を求めなさい。

―― 解答・解説 ――

事象 A：「3の倍数を引く」　事象 B：「5の倍数を引く」とすると求める確率は $P(A \cup B)$ なんだね。

115ページで学んだことの確認をしておこう。

$n(A \cup B) = n(A) + n(B) - n(A \cap B)$　だったね。

この式の両辺を $n(U)$：「起こりうるすべての場合の数」で割ると

$$\frac{n(A \cup B)}{n(U)} = \frac{n(A)}{n(U)} + \frac{n(B)}{n(U)} - \frac{n(A \cap B)}{n(U)}$$

すなわち

$$P(A \cup B) = P(A) + P(B) - P(A \cap B)$$
もちろん，$P(A \cap B) = 0$ のとき，$P(A \cup B) = P(A) + P(B)$

これを**確率の加法定理**という。加法定理は，「A または B の起こる確率」は，「A が起こる確率」と「B が起こる確率」を足して，「A かつ B となる確率」を引きなさいという意味だね。

実際に加法定理を問題8で確かめてみよう。

$P(A) = \dfrac{3}{10}$，$P(B) = \dfrac{1}{5}$，$P(A \cap B) = \dfrac{1}{20}$ のとき，A または B の起こる確率 $P(A \cup B)$ は，

$$P(A \cup B) = \frac{6}{20} + \frac{4}{20} - \frac{1}{20}$$

$$= \frac{9}{20}$$ と求められるね。

加法定理に関する問題を1つやっておこう。

問題9 1から200までの整数が書かれた200枚のカードから1枚を引くとき，3または5の倍数となる確率を求めなさい。

---- 解答・解説 ----

3の倍数の集合を A，5の倍数の集合を B とするね。

ここで，$n(A)=66$，$n(B)=40$，$n(A \cap B)=13$

確率の加法定理より

$$P(A \cup B) = P(A) + P(B) - P(A \cap B)$$

$$= \frac{66}{200} + \frac{40}{200} - \frac{13}{200}$$

$$= \frac{93}{200} \;\;答$$

ここで，$n(A)=66$，$n(B)=40$，$n(A \cap B)=13$ の求め方について書いておくね。1〜200までの

$$3\text{の倍数} = 3, 6, 9, \cdots\cdots\cdots, 198$$
$$= 3 \times (1, 2, 3, \cdots\cdots, 66)$$

198は，66番目の3の倍数となるね。

よって，$n(A)=66$

$n(B)=40$ についても同様にして求められるよ。

$n(A \cap B)$ は，3の倍数かつ5の倍数，すなわち15の倍数の個数を求めればいいので，

$$15\text{の倍数} = 15, 30, \cdots\cdots, 195$$
$$= 15 \times (1, 2, 3, \cdots, 13)$$

195は，13番目の15の倍数となるね。

よって，$n(A \cap B)=13$

第7章 場合の数と確率

7 期待値

　当たりが1枚，はずれが1枚である2枚のくじがあるよ。当たりの金額は10,000円，はずれの金額は0円とするね。さて，このくじを1枚引くとして，いくら当たることが**期待**できるかな？

　これは，次のように考えることができるよ。

$$10{,}000 \times \frac{1}{2} + 0 \times \frac{1}{2} = 5{,}000 + 0 = 5{,}000 \text{（円）}$$

（10,000円が当たる確率）　（0円が当たる確率）

　ここで，この金額10,000円と0円を**確率変数**ということを覚えておこうね。そして，この確率変数と確率をかけ合わせたものの総和が，**期待値**の定義なんだね。このくじでは，5,000円が**期待値**なんだね。

　よって，このくじでは5,000円当たることが期待できる値となる。

> **問題10**　A, B, Cの3枚のくじがある。「Aが出たら30,000円」，「Bが出たら3,000円」，「Cが出たら300円」が当たる。このくじを1枚引くとき，当たる金額の期待値を求めなさい。

――解答・解説――

　確率と確率変数の表は下記のようになるね。

確率変数	30,000	3,000	300
確率	$\frac{1}{3}$	$\frac{1}{3}$	$\frac{1}{3}$

$$\text{よって，期待値} = 30{,}000 \times \frac{1}{3} + 3{,}000 \times \frac{1}{3} + 300 \times \frac{1}{3}$$
$$= 10{,}000 + 1{,}000 + 100$$
$$= 11{,}100 \text{（円）} \ \ \text{答}$$

となる。期待値の求め方もわかったね。確率変数と確率をかけてその総和をとればいいんだ。ところでこのくじが1枚20,000円だったらこのくじを買うかな？TMT研究会のメンバーはたぶん買わないな。20,000円払って，当たる金額が11,100円しか期待できないからね。

7. 期待値

問題11 赤玉,白玉,黒玉,黄玉,青玉が各1個ずつ入った袋が3つある。各袋から玉を1個ずつ取り出す。以下の問いに答えなさい。

① 取り出した玉の色が2種類となる確率を求めなさい。
② 取り出した玉の色の数の期待値を求めなさい。

2010年熊本大学入試問題より

――解答・解説――

① 例として,2種類のうち1種類を赤とすると,取り出した玉が赤玉である確率は $\dfrac{1}{5}$,赤玉でない確率は $\dfrac{4}{5}$ なので,取り出した玉が,赤と赤以外の2種類である確率は,反復試行の確率より,

$${}_3C_2 \times \left(\dfrac{1}{5}\right)^2 \times \dfrac{4}{5}$$

←3つの袋のうち2つの袋から赤玉を選んで,残りの1つの袋から赤以外を選ぶ。これが ${}_3C_2$ 通りあるね。

色は全部で5種類なのでこれを5倍して,求める確率は,

$${}_3C_2 \times \left(\dfrac{1}{5}\right)^2 \times \dfrac{4}{5} \times 5 = \dfrac{12}{25}$$ **答**

② 取り出す玉の色は,1種類か2種類か3種類だね。

取り出した玉の色が1種類である確率は $\left(\dfrac{1}{5}\right)^3 \times 5 = \dfrac{1}{25}$

（同じ色を3回／5色）

取り出した玉が3種類である確率は,

$$1 - \left(\dfrac{1}{25} + \dfrac{12}{25}\right) = \dfrac{12}{25},\ \text{または}\ \left(\dfrac{1}{5} \times \dfrac{4}{5} \times \dfrac{3}{5}\right) \times 5$$

（色が1種類である確率／色が2種類である確率／特定の1色を選ぶ／最初の1色を選ばない／出た2色以外の色を選ぶ）

これより,確率変数と確率の表は次のようになるよ。

確率変数（玉の種類）	1	2	3
確率	$\dfrac{1}{25}$	$\dfrac{12}{25}$	$\dfrac{12}{25}$

よって,求める期待値は, $1 \times \dfrac{1}{25} + 2 \times \dfrac{12}{25} + 3 \times \dfrac{12}{25} = \dfrac{61}{25}$ **答**

> 予想問題

1 1次検定予想問題

（時間 60 分）

1．次の問いに答えなさい。

(1) 次の式を展開して計算をしなさい。
$$(x+5)(x-7)$$

(2) 次の式を因数分解しなさい。
$$x^2+100x+2500$$

(3) 次の2次方程式を解きなさい。
$$-5x^2+2x+1=0$$

(4) 次の計算をしなさい。
$$\left(\sqrt{3}+3\sqrt{2}\right)^2-\left(\sqrt{3}-3\sqrt{2}\right)^2$$

(5) 2次関数 $y=\dfrac{1}{3}x^2$ で，x の変域が $-3<x<9$ のとき，y の変域を求めなさい。

2．次の問いに答えなさい。

(6) 右の図で，DE∥BC であるとき，BC の長さを求めなさい。

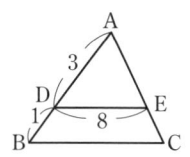

(7) 右の図のように，縦 $\sqrt{2}$，横 $3\sqrt{3}$ の長方形があります。この長方形の対角線の長さを求めなさい。

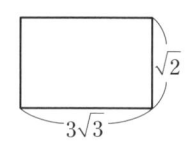

(8) $27x^3-8y^3$ を因数分解しなさい。

(9) $x+y=\sqrt{3}$，$xy=-1$ のとき x^2+y^2 の値を求めなさい。

(10) 命題「$x=\pm 5$ ならば $x^2=25$ である」は，真であるか偽であるか答えなさい。

予想問題

3. 次の問いに答えなさい。

(11) 次の集合を要素を書き並べる方法で表しなさい。

$\{x \mid x \text{ は，} 20 \text{ 以下の素数}\}$

(12) 2次不等式，$6x^2+x-1<0$ について次の問いに答えなさい。

① 上の2次不等式を解きなさい。

② ①で求めた x の値の範囲を数直線上に図示しなさい。

(13) MAEKAWA の7つの文字を1列に並べるときの並べ方は，全部で何通りありますか。

(14) $\sin\theta=\dfrac{\sqrt{3}}{2}$ を満たす θ の値を求めなさい。ただし，$0°\leq\theta\leq180°$ とします。

(15) $\cos\theta=\dfrac{1}{2}$ のとき，$\tan\theta$ の値を求めなさい。ただし，$0°\leq\theta\leq180°$ とします。

2　2次検定予想問題

（時間 90 分）
1．右の図で，次の問いに答えなさい。
　(1)　△ABC と相似な三角形を 2 つ求めなさい。この問題は答えだけを書きなさい。

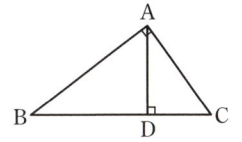

　(2)　AB=4，AC=3 であるとき，線分 DC の長さを求めなさい。この問題も答えだけを書きなさい。

2．右の図の正方形 ABCD で，点 P は，A を出発して AB 上を B まで動く。また，点 Q は，点 P と同時に D を出発し，P と同じ速さで DA 上を A まで動く。このとき，次の問いに答えなさい。
　(3)　点 P が A から何 cm 動いたとき，△APQ の面積が 5cm² になりますか。

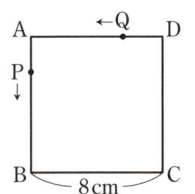

3．次の問いに答えなさい。
　(4)　次の①〜④のうち，正しいものをすべて選びなさい。この問題は，答えだけを書きなさい。
　　①　3 の平方根は，$\sqrt{3}$ である。
　　②　$a>0$，$b>0$ のとき $\sqrt{a} \times \sqrt{b} = \sqrt{ab}$ である。
　　③　$\sqrt{a^2} = a$ である。
　　④　$\sqrt{a^2} = |a|$ である。

> 予想問題

4．$x-y=4$，$-4 \leq y \leq 1$ のとき，次の問いに答えなさい。

　(5)　x^2+y^2 の値の最大値と最小値およびそのときの x, y の値を求めなさい。

5．次の問いに答えなさい。

　(6)　$\triangle$ABC で，BC$=6$，$\angle$A$=120°$，$\angle$B$=45°$ のとき CA を求めなさい。

　(7)　$\sin\theta+\cos\theta=\sin\theta\cos\theta$ のとき，$\sin\theta\cos\theta$ の値を求めなさい。ただし $0° \leq \theta \leq 180°$ とします。

　(8)　$\sin\theta+\cos\theta=\dfrac{1}{2}$ のとき，$\sin^3\theta+\cos^3\theta$ の値を求めなさい。

6．次の問いに答えなさい。

　(9)　1個のサイコロを5回振るとき，2回だけ6の目が出る確率を求めなさい。

7．次の問いに答えなさい。

(10) 各位の数の和が3の倍数である数は，3で割り切れます。このことを4桁の数において説明しなさい。ただし，千の位を a，百の位を b，十の位を c，一の位を d として説明しなさい。

数学検定準2級の予想問題でした。2次検定の予想問題は少し難しかったかもしれませんが，解説をよく読んで理解してください。この解説の部分までが，僕らの「数学検定準2級の講座」です。

予想問題

1　1次検定予想問題　解答

1. (1) $x^2-2x-35$　　　(2) $(x+50)^2$

   (3) $x=\dfrac{1\pm\sqrt{6}}{5}$　　　(4) $12\sqrt{6}$

   (5) $0 \leq y < 27$

   【解説】不等号に＝がつくか，つかないかにくれぐれも注意！

2. (6) $\dfrac{32}{3}$　　　(7) $\sqrt{29}$

   (8) $(3x-2y)(9x^2+6xy+4y^2)$

   (9) 5

   【解説】x^2+y^2 や x^3+y^3 などのように，文字を入れ替えても同じ式のことを対称式という。

   　　その際，対称式は，

   　　基本対称式：$x+y$，xy

   で表すことができることは覚えておこう。

   次の2つは，必ず覚えること。

   > $x^2+y^2=(x+y)^2-2xy$
   >
   > $x^3+y^3=(x+y)^3-3xy(x+y)$

   この公式は，右辺を展開すると，わかるね。
   この場合，$x+y=\sqrt{3}$，$xy=-1$ より
   $$\begin{aligned}x^2+y^2&=(x+y)^2-2xy\\&=(\sqrt{3})^2-2\cdot(-1)\\&=3+2\\&=5\end{aligned}$$
   となる。

   (10) 真

   (11) $\{2, 3, 5, 7, 11, 13, 17, 19\}$

3．(12) ① $-\dfrac{1}{2} < x < \dfrac{1}{3}$ ②（数直線図：$-\dfrac{1}{2}$ と $\dfrac{1}{3}$ の間に斜線）

(13) 840 通り

【解説】 7つの文字のうち、3つの同じ文字Aが含まれているので

$$\dfrac{7!}{3!} = 7 \times 6 \times 5 \times 4 = 840$$

(14) $\theta = 60°, 120°$

(15) $\sqrt{3}$

【解説】 (15)については，次のようにして簡単に解くことができるよ。

与えられた条件は，$\cos\theta = \dfrac{1}{2} > 0$ および $0° \leq \theta \leq 180°$ なので，$\cos\theta$ の符号 (+) から，$0° \leq \theta < 90°$ であることがわかる。(P86参照)

したがって，$\cos\theta = \dfrac{1}{2}$ となるような直角三角形を書くと図のように $30°$，$60°$ の直角三角形になるね。

この図から，$\tan 60°$ の値を求めればいいね。

この問題が1次検定での出題ならこれで十分。

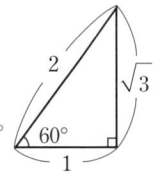

2次検定での出題ならば，次のようにして解くよ。

$$1 + \tan^2\theta = \dfrac{1}{\cos^2\theta} \quad \cdots ①$$

①に $\cos\theta = \dfrac{1}{2}$ ………②を代入して

$$1 + \tan^2\theta = \dfrac{1}{\left(\dfrac{1}{2}\right)^2}$$

$$\tan^2\theta = 4 - 1 = 3$$

②より $0° \leq \theta < 90°$ なので，$\tan\theta \geq 0$

よって $\tan\theta = \sqrt{3}$

2 2次検定予想問題 解答

1．(1) △DBA，△DAC　　　(2) $\dfrac{9}{5}$

【解説】

(1) △ABC ∽ △DBA となることの証明

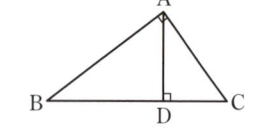

△ABC と △DBA で

∠BAC＝∠BDA＝90°……①

∠B は共通……………………②

①②より 2 組の角がそれぞれ等しいので

△ABC ∽ △DBA

※△ABC ∽ △DAC も同様に証明できる。

(2) 相似な図形は，同じ向きに並べて書くことが大切だったね。下に並べて書くね。

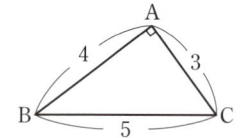

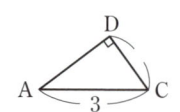

AB＝4，AC＝3 なので，三平方の定理より BC＝5

△ABC で，AC は BC の $\dfrac{3}{5}$ 倍なので，△DAC でも，DC は AC の $\dfrac{3}{5}$ になる。2 つの三角形は，相似だから隣り合う辺の比も等しかったよね。

したがって DC＝$3 \times \dfrac{3}{5} = \dfrac{9}{5}$

もちろん △ABC ∽ △DAC なので

AC：DC＝BC：AC　すなわち 3：DC＝5：3

として求めてもよい。

2次検定予想問題　解答

2．(3)　$4\pm\sqrt{6}$

【解答例および解説】

AP＝DQ＝x cm とすると，AQ＝$8-x$ cm

△APQ＝5 cm^2 より

$\dfrac{1}{2}x(8-x)=5$ 　：これを整理して

$x^2-8x+10=0$ 　：これを解いて

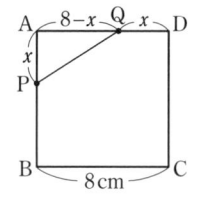

$x=4\pm\sqrt{6}$

これは，$0<x<8$ を満たす。よって求める長さは，$4\pm\sqrt{6}$ cm

3．(4)　②，④

【解説】

②と④は正しいね。

①について：3の平方根は $\pm\sqrt{3}$ だね。平方根には，正の平方根と，負の平方根があるからね。

③について：$\sqrt{a^2}$ は，$a>0$ のとき a だったね。

$\sqrt{5^2}=|5|=5$ ，$\sqrt{(-5)^2}=|-5|=-(-5)=5$

だったね。

予想問題

4．(5)　最大値　26（$x=5, y=1$ のとき）
　　　最小値　8　（$x=2, y=-2$ のとき）

【解答例および解説】
$$x-y=4 \cdots\cdots ①$$
①を y について解くと，
$$y=x-4 \text{（1 次関数だね）} \cdots ②$$
②で，y の変域が $-4 \leq y \leq 1$ なので，x の変域は $0 \leq x \leq 5$ だね。（右の図）
ここで，
$$f(x)=x^2+y^2 \cdots\cdots\cdots\cdots ③$$
とおく。

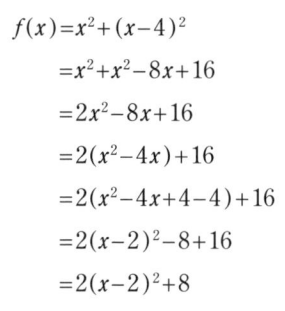

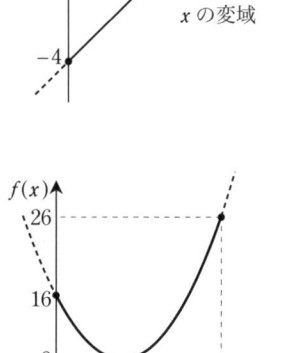

②を③に代入して，
$$\begin{aligned}f(x)&=x^2+(x-4)^2\\&=x^2+x^2-8x+16\\&=2x^2-8x+16\\&=2(x^2-4x)+16\\&=2(x^2-4x+4-4)+16\\&=2(x-2)^2-8+16\\&=2(x-2)^2+8\end{aligned}$$

したがって，
　$f(x)$ すなわち，x^2+y^2 は，
　　$x=5$ のとき最大値 $f(5)=26$
　　$x=2$ のとき最小値 $f(2)=8$
をとる。

②より，$x=5$ のとき $y=1$，$x=2$ のとき $y=-2$
以上をまとめて，x^2+y^2 は
　　$x=5, y=1$ のとき最大値 26
　　$x=2, y=-2$ のとき最小値 8
をとる。

5．(6)　$2\sqrt{6}$

【解答例および解説】

正弦定理より

$$\frac{a}{\sin A} = \frac{b}{\sin B}$$ ：これに与えられた条件を代入して

$$\frac{6}{\sin 120°} = \frac{b}{\sin 45°} \cdots\cdots ①$$

①より，$b = \dfrac{6}{\sin 120°} \times \sin 45°$

$$= \frac{6}{\frac{\sqrt{3}}{2}} \times \frac{1}{\sqrt{2}}$$

$$= \frac{6 \times 2}{\sqrt{3}} \times \frac{1}{\sqrt{2}}$$

$$= \frac{12}{\sqrt{6}}$$

$$= 2\sqrt{6} \quad \longleftarrow 有理化した$$

$\left(\dfrac{6}{\frac{\sqrt{3}}{2}} = 6 \div \dfrac{\sqrt{3}}{2} \right)$

予想問題

5．(7)　$1-\sqrt{2}$

【解答例および解説】

$$\sin\theta+\cos\theta=\sin\theta\cos\theta$$

この両辺を2乗して，

$$(\sin\theta+\cos\theta)^2=(\sin\theta\cos\theta)^2$$

$$\underline{\sin^2\theta}+2\sin\theta\cos\theta+\underline{\cos^2\theta}=(\sin\theta\cos\theta)^2$$

※ $\sin^2\theta+\cos^2\theta=1$ だね。

$$1+2\sin\theta\cos\theta=(\sin\theta\cos\theta)^2$$

$$(\sin\theta\cos\theta)^2-2\sin\theta\cos\theta-1=0$$

$\sin\theta\cos\theta=t$ とおくと

$$t^2-2t-1=0$$

これを解いて，$t=1\pm\sqrt{2}$

ここで $0°\leqq\theta\leqq180°$ より

$$-1\leqq t\leqq 1$$

よって，$t=1+\sqrt{2}$ は不適。

以上より，$\sin\theta\cos\theta=1-\sqrt{2}$

※ところで，なぜ $0°\leqq\theta\leqq180°$ のとき $-1\leqq t\leqq 1$ かといえば

$0°\leqq\theta\leqq180°$ のとき，　$\begin{array}{l}0\leqq\sin\theta\leqq 1\\-1\leqq\cos\theta\leqq 1\end{array}$　なので

これらをかけ合わせた $\sin\theta\cos\theta$ の値，すなわち t は $-1\leqq t\leqq 1$ となるんだね。少し難しかったね。

$\sin\theta+\cos\theta=(\quad\quad\quad)$ や

$\sin\theta-\cos\theta=(\quad\quad\quad)$ などの形

が出てきたら，

この両辺を2乗して，$\sin^2\theta+\cos^2\theta=1$ を活用する

ことがポイントになる。

5．(8) $\dfrac{11}{16}$

【解答例および解説】

$\sin^3\theta + \cos^3\theta$
$= (\sin\theta + \cos\theta)(\underline{\sin^2\theta} - \sin\theta\cos\theta + \underline{\cos^2\theta})$
$= (\sin\theta + \cos\theta)(\underline{1 - \sin\theta\cos\theta})$ ……①

$\sin\theta + \cos\theta = \dfrac{1}{2}$ ……②

②の両辺を2乗して，

$\sin^2\theta + 2\sin\theta\cos\theta + \cos^2\theta = \left(\dfrac{1}{2}\right)^2$

$1 + 2\sin\theta\cos\theta = \dfrac{1}{4}$

$2\sin\theta\cos\theta = -\dfrac{3}{4}$

$\sin\theta\cos\theta = -\dfrac{3}{8}$ ……③

②③を①に代入して

$\sin^3\theta + \cos^3\theta$

$= \dfrac{1}{2} \times \left\{1 - \left(-\dfrac{3}{8}\right)\right\}$

$= \dfrac{11}{16}$

※ここでは，$a^3 + b^3 = (a+b)(a^2 - ab + b^2)$ と $\sin^2\theta + \cos^2\theta = 1$ の2つの公式とP156の考え方を用いて解いたんだね。

予想問題

6．(9) $\dfrac{625}{3888}$

【解答例および解説】

6の目が出る確率は$\dfrac{1}{6}$なので，6の目が出ない確率は$\dfrac{5}{6}$。

5回中2回だけ6の目が出る確率は，反復試行の確率より

$$_5C_2 \times \left(\dfrac{1}{6}\right)^2 \times \left(\dfrac{5}{6}\right)^3 = \dfrac{5 \cdot 4}{2 \cdot 1} \times \dfrac{5 \cdot 5 \cdot 5}{6 \cdot 6 \cdot 6 \cdot 6 \cdot 6}$$

$$= \dfrac{625}{3888}$$

7．(10)【解答例】

各位の数の和が3の倍数なので，

$a+b+c+d=3m$（mは整数）

4桁の数を$1000a+100b+10c+d$とすると，

$1000a+100b+10c+d$
$=999a+a+99b+b+9c+c+d$
$=999a+99b+9c+a+b+c+d$
$=3(333a+33b+3c)+3m$
$=3(333a+33b+3c+m)$

ここで$333a+33b+3c+m$は整数。

よって成り立つ。

©TMT研究会 2010

読めばスッキリ！数学検定準2級への道

2010年 9月30日　第1版第1刷発行
2020年 6月 8日　第1版第5刷発行

監　修	公益財団法人 日本数学検定協会
編著者	Ｔ　Ｍ　Ｔ　研　究　会
発行者	田　中　　　聡

発行所
株式会社　電気書院
ホームページ　www.denkishoin.co.jp
（振替口座　00190-5-18837）
〒101-0351　東京都千代田区神田神保町1-3ミヤタビル2F
電話(03)5259-9160／FAX(03)5259-9162

印刷　㈱シナノパブリッシングプレス
Printed in Japan／ISBN978-4-485-22018-4

- 落丁・乱丁の際は，送料弊社負担にてお取り替えいたします。
- 正誤のお問合せにつきましては，書名・版刷を明記の上，編集部宛に郵送・FAX(03-5259-9162)いただくか，当社ホームページの「お問い合わせ」をご利用ください。電話での質問はお受けできません。また，正誤以外の詳細な解説・受験指導は行っておりません。

JCOPY〈出版者著作権管理機構 委託出版物〉

本書の無断複写（電子化含む）は著作権法上での例外を除き禁じられています。複写される場合は，そのつど事前に，出版者著作権管理機構（電話：03-5244-5088, FAX：03-5244-5089, e-mail：info@jcopy.or.jp）の許諾を得てください。
また本書を代行業者等の第三者に依頼してスキャンやデジタル化することは，たとえ個人や家庭内での利用であっても一切認められません。

［本書の正誤に関するお問い合せ方法は，最終ページをご覧ください］

書籍の正誤について

万一，内容に誤りと思われる箇所がございましたら，以下の方法でご確認いただきますようお願いいたします．

なお，正誤のお問合せ以外の書籍の内容に関する解説や受験指導などは**行っておりません．**このようなお問合せにつきましては，お答えいたしかねますので，予めご了承ください．

正誤表の確認方法

最新の正誤表は，弊社Webページに掲載しております．「キーワード検索」などを用いて，書籍詳細ページをご覧ください．

正誤表があるものに関しましては，書影の下の方に正誤表をダウンロードできるリンクが表示されます．表示されないものに関しましては，正誤表がございません．

弊社Webページアドレス
http://www.denkishoin.co.jp/

正誤のお問合せ方法

正誤表がない場合，あるいは当該箇所が掲載されていない場合は，書名，版刷，発行年月日，お客様のお名前，ご連絡先を明記の上，具体的な記載場所とお問合せの内容を添えて，下記のいずれかの方法でお問合せください．

回答まで，時間がかかる場合もございますので，予めご了承ください．

郵便で問い合わせる　郵送先　〒101-0051
東京都千代田区神田神保町1-3
ミヤタビル2F
㈱電気書院　出版部　正誤問合せ係

FAXで問い合わせる　ファクス番号　**03-5259-9162**

ネットで問い合わせる　弊社Webページ右上の「**お問い合わせ**」から
http://www.denkishoin.co.jp/

お電話でのお問合せは，承れません

(2015年10月現在)